高分子科学与工程系列教材

"十二五"普通高等教育本科规划教材

高分子化学实验

第二版

梁 晖 卢 江 主编

化学工业出版社

·北京·

本书系统地介绍了高分子化学实验的基础知识、实验技术和研究方法，同时对相关的基本原理也作了简要的阐述。全书共分 6 章，按聚合反应类型进行划分，各章又按聚合反应的具体实施方法不同划分节，各节在讲述相关的基本原理后，相应地给出经过精选的代表性实验，共 43 个实验。其中既有经典的实验，也有一些反映本学科发展前沿的新实验，如新型固相聚合、活性聚合、微乳液聚合、插层聚合合成纳米复合材料等。

本书适用于高等院校高分子化学专业的实验教学，也可作为从事高分子生产的技术人员及其他涉及高分子化学实验领域的研究人员的参考用书。

图书在版编目（CIP）数据

高分子化学实验/梁晖，卢江主编. —2 版 .—北京：化学工业出版社，2014.1（2023.8 重印）

高分子科学与工程系列教材 "十二五"普通高等教育本科规划教材

ISBN 978-7-122-18937-0

Ⅰ.①高… Ⅱ.①梁…②卢… Ⅲ.①高分子化学-化学实验-高等学校-教材 Ⅳ.①063-33

中国版本图书馆 CIP 数据核字（2013）第 265176 号

责任编辑：杨 菁	文字编辑：徐雪华
责任校对：陶燕华	装帧设计：韩 飞

出版发行：化学工业出版社（北京市东城区青年湖南街 13 号 邮政编码 100011）
印 装：三河市双峰印刷装订有限公司
787mm×1092mm 1/16 印张 7 字数 150 千字 2023 年 8 月北京第 2 版第11次印刷

购书咨询：010-64518888 售后服务：010-64518899
网 址：http：//www.cip.com.cn
凡购买本书，如有缺损质量问题，本社销售中心负责调换。

定 价：25.00 元

前　言

本教材第一版自 2004 年出版以来，收到了良好的使用效果，到 2013 年 4 月已第六次印刷。自本教材第一版出版以来，经过多年教学实践的使用体会和经验积累，以及读者反馈的意见和建议，对原有教材的优势和不足有了更深刻的认识，有必要对原教材进行修订改版：①对原教材中存在的错漏进行全面细致的修订；②添加部分新的实验项目使之更能全面体现高分子合成的专门技术，适应学科的发展；③对原有实验项目进行改进，使之作为教学实验项目更具可行性和易行性。

主要修订内容概括如下：

1. 编排上的修改：将原书的"第 5 章 自由基共聚合反应的实施"的内容合并入"第 3 章 自由基聚合反应"；

2. 对少数原有实验项目的内容进行重新编写，增强其实用性，并使之更适于作为实验教学项目，主要有：原"实验十三 苯乙烯/丙烯酸的分散共聚合"，原"实验十五 多孔交联聚丙烯酸小球的合成"，原"实验十八 种子乳液聚合法合成苯乙烯/乙酸乙烯酯核壳聚合物"；

3. 添加新的实验项目，新增加的实验项目主要有："反相悬浮聚合制备珠状强吸水聚合物树脂"，"半连续预乳液法制备苯丙胶乳"，"水性聚氨酯乳液的制备"，"界面缩聚法制备微胶囊包裹分散染料及无碳复写纸的制备"，"N-异丙基丙烯酰胺的 RAFT 可控自由基聚合"，"聚乙烯醇缩丁醛的制备及其安全玻璃应用试验"。

中山大学化学与化学工程学院

高分子与材料科学系

梁晖　卢江

2013 年 9 月

第一版前言

由于聚合物产量大、品种多、应用广、经济效益高，因而现代高分子工业发展迅猛。并且随着与生物学、信息学、医学等多学科的日益交叉渗透，高分子科学在人类的经济和社会生活中占据着越来越重要的地位，渗透到许多的科学技术领域和部门。现在每年全球生产约 2 亿吨聚合物材料，以满足全世界 60 亿人的各种使用需要。相应地，社会对高分子专业人才的需求量也越来越大，因此越来越多的高校开设了高分子方面的专业课程。高分子科学作为一门应用性相当强的学科，除了扎实的理论知识，系统的实验技能和研究方法的训练是每一个高分子领域的从业者必须具备的。而且，由于现代高分子涉及的领域日益广泛，许多非高分子专业人才也常需要了解高分子化学的一些基本知识、实验技能和研究方法。编写本书的目的一方面是为高等院校的高分子学科体系的实验教学提供教材，另一方面也希望能满足其他读者的实际需要。

本书是编者在整合了本校数十年高分子化学实验教学经验的基础上，结合本学科的一些发展新动向编写而成。作为一本实验用书，本书主要讲述高分子化学实验方面的基础知识、实验技能和研究方法，同时对相关的基本原理也作了简要的阐述。第一章讲述高分子化学实验的基础技术，其余各章按聚合反应类型进行划分，每章又按聚合反应的具体实施方法不同划分节，每节在讲述相关的基本原理后，相应地给出经过精选的代表性实验。每章都列出了较详细的参考文献，以便读者作进一步的了解。全书共分 7 章，38 个实验。其中既有经典的实验，也有一些反映本学科发展前沿的新实验，如新型固相聚合、活性聚合、微乳液聚合、插层聚合合成纳米复合材料等。

本书是在中山大学高分子教研室编写的《高分子化学实验》讲义的基础上编写而成，在此对本校长期从事高分子化学实验教学的前辈和同事们谨表谢忱。本书在出版过程中得到了化学工业出版社的大力支持，特此感谢。本书作为一部抛砖引玉之作，希望广大读者不吝赐教，以使我们在今后的工作中对不足之处不断地加以改正和完善。

中山大学化学与化学工程学院

高分子与材料科学系

梁晖　卢江

2004 年 2 月

目 录

第1章

高分子化学实验的基础技术[1,2]

　　高分子化学是一门实验性很强的学科，作为基本技能的训练，高分子化学实验是高分子教学的重要环节。高分子化学与有机化学有着密切的关系，许多高分子合成反应都是在有机合成反应的基础上建立和发展起来的，因此，高分子化学实验技术也是建立在有机化学实验技术的基础之上。两者的基本操作有许多共同之处，但是高分子合成毕竟不同于有机合成，对反应的实施与控制有自己的特点，对仪器设备要求也有所不同，因此有必要进行专门的高分子化学实验技能的训练。

　　在进行专门的高分子合成技术论述前，首先有必要简要地介绍高分子化学实验中一些常用的基础技术。

1.1　聚合反应装置

　　实验室中，大多数聚合反应可在磨口三颈瓶或四颈瓶中进行，常用的反应装置如图1-1所示，一般带有搅拌器、冷凝管和温度计［图1-1(a)］，若需滴加液体反应物，则需配上滴液漏斗［图1-1(b)］。

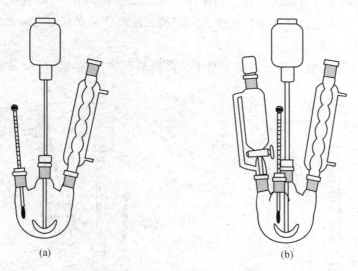

图 1-1　常见的三颈瓶与四颈瓶反应装置

　　为防止反应物特别是挥发性反应物的逸出，搅拌器与瓶口之间应有良好的密封。如图1-2(a) 所示的聚四氟乙烯搅拌器为常用的搅拌器，由搅拌棒和高耐腐蚀性的标准口聚四氟乙烯搅拌头组成。搅拌头包括两部分，两者之间配有橡胶密封圈，该密封圈也可用聚四氟乙烯膜缠绕搅拌棒压成饼状来代替。由于聚四氟乙烯具有良好的自润滑性能和密封性能，因此既能保证搅拌顺利进行，也能起到很好的密封作用。搅拌棒是带活动聚四氟乙烯搅拌桨的金属棒，该活动搅拌桨通过其开合，不仅能非常方便地进出反应瓶，而且还能以不同的打开角度来适应实际需要（如虚线所示）。为了得到更好的搅拌效果，也可根据需要用玻璃棒烧制各种特殊形状的搅拌棒（桨）。图 1-2（b）所示为实验室中常用的几种搅拌棒。

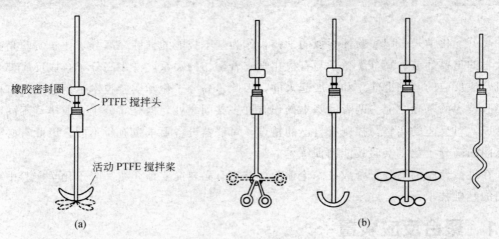

图 1-2　实验室常用的搅拌棒

以上的反应装置适合于不需要氮气保护的聚合反应场合，对于要求氮气保护的聚合反应则需相应地添加通氮装置。为保证良好的保护效果，只向体系中通氮气常常是不够的。通常需先对反应体系进行除氧处理（具体操作见 1.2 除氧部分），而且在反应过程中为防止氧气和湿气从反应装置的各接口处渗入，必须使反应体系保持一定的氮气正压。常用通氮反应装置如图 1-3 所示。

其中图 1-3（a）适合于除氧要求不是十分严格的聚合反应，若反应是在回流条件下进

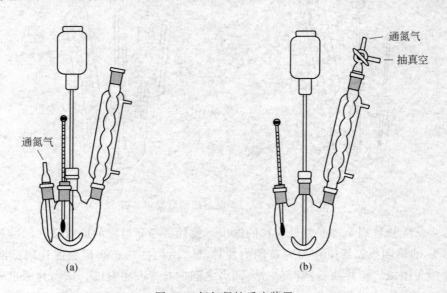

图 1-3　氮气保护反应装置

行，则在开始回流后，由于体系本身的蒸汽可起到隔离空气的作用，因此可停止通氮或降低氮气流量；图 1-3(b) 适合于对除氧除湿相对较严格的聚合体系，在反应开始前，可先加入固体反应物（也可将固体反应物配成溶液后，以液体反应物形式加入），然后调节三通活塞，抽真空数分钟后，再调节三通活塞充入氮气，如此反复数次，使反应体系中的空气完全被氮气置换；然后再在氮气保护下，用注射器把液体反应物由三通活塞加入反应体系，并在反应过程中始终保持一定的氮气正压。

对于体系黏度不大的溶液聚合体系也可以使用磁力搅拌，特别是对除氧除湿要求较严的聚合反应如离子聚合，使用磁力搅拌器可提供更好的体系密闭性，典型的聚合反应装置如图 1-4(a)，其中的温度计若非必需，可用磨口玻璃塞代替 [图 1-4(b)]。其除氧操作同图 1-3(b)。

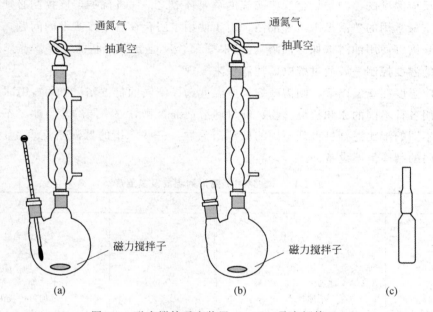

图 1-4　磁力搅拌反应装置（a，b）及安瓿管（c）

对除湿除氧要求更苛刻的聚合反应可在如图 1-4(c) 所示的安瓿管中进行，具体操作时，将安瓿管的上端通过一段橡胶管连上三通活塞，然后交替地抽真空、充氮气进行除氧处理，用注射器经由橡胶管加入反应物后，将安瓿管顶端熔封，从而保证聚合反应能在完全隔氧隔湿的条件下进行。

对于一些聚合产物非常黏稠的聚合反应，则不适合使用以上的一般反应容器。如熔融缩聚随着反应程度的提高，聚合产物分子量的增大，聚合产物黏度非常大，使用一般的三颈瓶由于瓶口小，出料困难，不便于产物的后处理；再如一些非线形逐步聚合反应，如果条件控制不当，可能形成不熔不溶的交联产物，使用一般的三颈瓶会给产物的清理带来极大的困难，易对反应器造成损伤。对于这样的聚合反应宜使用如图 1-5 所示的"树脂反应釜"，树脂反应釜分为底座和釜盖两部分，反应完成后，将盖子揭开，黏稠的物料易倾出，反应器也易清理。

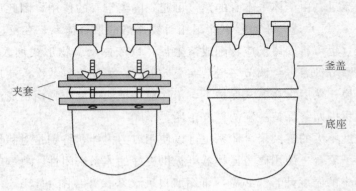

夹套

釜盖

底座

图 1-5　树脂反应釜

聚合反应温度的控制是聚合反应实施的重要环节之一。准确的温度控制必须使用恒温浴。实验室最常用的热浴是水浴和油浴，由于使用水浴存在有水汽蒸发的问题，因此若反应时间较长则宜使用油浴（如硅油浴）。应根据聚合反应温度控制的需要，选择适宜的热浴。热浴的温度控制一般通过继电器控温仪来实现。

若反应温度在室温以下，则需根据反应温度选择不同的低温浴。如 0℃用冰浴，更低温度可使用各种不同的冰和盐混合物、液氮和溶剂混合物等，不同的盐与冰、不同的溶剂与液氮以不同的配比混合可得到不同的低温浴温度，一些常用的低温浴见表 1-1。此外也可使用专门的制冷恒温设备。

表 1-1　一些常用低温浴的组成及其温度

温度/℃	组成	温度/℃	组成
0	碎冰	5	干冰加苯
13	干冰加二甲苯	−5～−20	冰盐混合物
−40～−50	冰/CaCl₂(3.5～4/5 份)	−33	液氨
−30	干冰加溴苯	−41	干冰加乙腈
−50	干冰加丙二酸二乙酯	−60	干冰加异丙醚
−72	干冰加乙醇	−77	干冰加氯仿或丙酮
−78	干冰粉末	−90	液氮加硝基乙烷
−98	液氮加甲醇	−100	干冰加乙醚
−192	液态空气	−196	液氮

1.2　聚合体系的除湿除氧

聚合反应体系中空气与水的存在对有些聚合反应会造成致命伤害。如水和氧气通常都是离子聚合和配位聚合的终止剂，在低温条件下氧气也是自由基聚合的阻聚剂。此外，在高温条件下，氧气的存在还会导致许多不期望的副反应，如氧化、降解等，因此对聚合体系进行除湿除氧处理是许多聚合反应的基本要求之一。

聚合体系的除湿包括反应容器和反应物的除湿干燥。反应容器通常需在较高的温度下（＞120℃）烘烤较长的时间（至少 2～3h），取出后立即放入装有干燥剂的干燥器中才能保证除去容器内壁附着的湿气。但即便如此，在装配仪器时仍难以避免湿气进入仪器，因此更有效的方法是在仪器装配完后，在加入反应物之前，边抽真空边用小火或红外灯烘烤仪器一段时间，然后在氮气的保护下冷却。安全的固体反应物除湿方法是将其装在适当的容器内，容器口用滤纸包盖，以防止干燥过程中掉入灰尘等，以及在解除真空时防止干燥物（特别是粉状物）被吹散，再放入装有浓硫酸或五氧化二磷、硅胶、分子筛等干燥剂的真空干燥器内抽真空一段时间（见图 1-6），然后保持真空过夜，持续长时间抽真空反而不能达到满意效果。液体反应物的干燥可先用合适的干燥剂干燥后再蒸馏，但必须小心选择干燥剂，基本的前提是干燥剂不能与液体反应物发生不期望的副反应。常用的干燥剂及其适用的化合物见表 1-2。

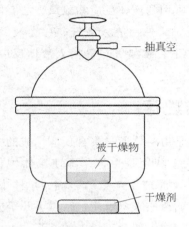

图 1-6　固体反应物的常用干燥方法

表 1-2　不同类别化合物常用的干燥剂

化合物种类	适用干燥剂
缩醛类	碳酸钾
有机酸	硫酸钙、硫酸镁、硫酸钠
酰卤	硫酸镁、硫酸钠
醇类	硫酸镁、硫酸钙初步干燥，再用镁和碘或钠、氢化钙（高级醇）
醛类	硫酸钙、硫酸镁、硫酸钠
卤代烃	硫酸钙、硫酸镁、硫酸钠、五氧化二磷、氢化钙
有机胺	氧化钡、氢氧化钾粉末
酯类	硫酸镁、硫酸钠、碳酸钾
醚类	硫酸钙、硫酸镁、金属钠
芳烃、饱和烃类	硫酸钙、硫酸镁、五氧化二磷、金属钠、氢化钙
酮类	硫酸镁、硫酸钠、碳酸钾

　　干燥剂的干燥强度与其干燥机理密切相关，按其干燥机理大致可分为三类：①与水可逆结合；②与水反应；③分子筛。第一类干燥剂的干燥强度随使用时的温度和所形成的水合物的蒸气压而变化，因而这类干燥剂必须在液体加热前先滤去，属于这类干燥剂的干燥强度顺序为：氧化钡＞无水高氯酸镁、氧化钙、氧化镁、氢氧化钾（熔融）、浓硫酸、硫酸钙、三氧化二铝＞氢氧化钾（棒状）、硅胶、三水合高氯酸镁＞氢氧化钠（熔融）、95%硫酸、溴化钙、氯化钙（熔融）＞氢氧化钠（棒状）、高氯酸钡、氯化锌（棒状）、溴化锌＞氯化钙＞硫酸铜＞硫酸钠、硫酸钾。若要除去大量水分，可先加入饱和氯化钙、碳酸钾或氯化钠溶液振摇，然后分去水相进行初步干燥，再加入以上干燥剂进行干燥。若需进

一步进行深度干燥，则需使用与水反应的干燥剂，如加入金属钠、金属钾、氢化钙等进行回流。

聚合体系的除氧也包括反应容器和反应物的除氧。反应容器的除氧通常通过反复地交替抽真空、充氮气，最后用氮气保护来实现。所用氮气必须具有高纯度，现在市面上所售的高纯氮的纯度可达 99.999%，可满足大多数的需要。如对除氧要求更高，则需使用高纯的氩气。使用惰性气体保护时应注意保持一定的惰性气体正压，以防止空气渗入体系。固体反应物的除氧可和反应容器的除氧同时进行，即将固体反应物加入反应容器中再反复地交替抽真空、通氮气数次。常用的液体反应物除氧方法有两种，一种是将液体反应物用液氮冷却冻结后，抽真空数分钟，然后充入氮气，移去液氮，使液体解冻。重复该操作2～3次；另一种是在氮气保护下，将氮气导管插入液体反应物底部边鼓泡边剧烈搅拌半小时以上。

1.3 单体的纯化与贮存

所有合成高分子化合物都是由单体通过聚合反应生成的，在聚合反应过程中，所用原料的纯度对聚合反应影响巨大，特别是单体，即使单体中仅含质量百分比为 $10^{-2}\%\sim$ $10^{-4}\%$ 的杂质也常常会对聚合反应产生严重的影响。单体中的杂质来源是多方面的，以常用的乙烯基单体为例，所含的杂质来源可能包括以下几个方面。

（1）单体制备过程中的副产物　如苯乙烯中的乙苯，乙酸乙烯酯中的乙醛等。

（2）为防止单体在贮存过程中发生聚合反应而加入的阻聚剂　通常为醌类和酚类。

（3）单体在贮存过程中发生氧化或分解反应而产生的杂质　如双烯类单体中的过氧化物，苯乙烯中的苯乙醛等。

（4）在贮存和处理过程中引入的其他杂质　如从贮存容器中带入的微量金属或碱，磨口接头上所涂的油脂等。

单体的提纯方法要根据单体的类型、可能存在的杂质以及将要进行的聚合反应类型来综合考虑。不同的单体、不同的杂质，其适应的提纯方法就可能不同，而不同聚合反应类型对杂质提纯的要求也各有不同。如自由基聚合和离子聚合对单体的纯化要求就有所区别，即使同样是自由基聚合，活性自由基聚合对单体的纯化要求就比一般的自由基聚合要高得多。因此，很难提出一个通用的单体提纯方式，必须根据具体情况小心选择。

常用的单体提纯方法主要有以下几种：分馏、共沸、萃取蒸馏、重结晶、升华以及柱层析分离等。

对于一些不溶于水的液态单体，如苯乙烯、（甲基）丙烯酸酯类等，为除去其中添加的少量酚类或胺类阻聚剂，只采用蒸馏的方法是不够的，因为这些阻聚剂常具有相当高的挥发性，蒸馏时难免随蒸汽带出。因此在纯化这些单体时，应先用稀碱或稀酸溶液进行处理以除去阻聚剂（酚类用稀碱，胺类用稀酸）。具体操作是在分液漏斗中加入单体及一定量的稀酸或稀碱溶液（通常为10%的溶液），经反复振荡后静置分层，除去水相，反复几次，直至水相无色，再用蒸馏水洗至水相中性，有机相用无水硫酸钠或无水硫酸镁等干燥后，再进行蒸馏。在蒸馏时，为防止单体聚合可加入挥发性小的阻聚剂，如铜盐或铜屑等。同时为防止发生氧化，蒸馏最好在惰性气体保护下进行。对于沸点较高的单体，为防止热聚合应采用减压蒸馏。此外，根据聚合反应对单体的除水要求，在蒸馏时可加入适当的干燥剂再进行深度干燥（参见 1.2 相关内容），如加入 CaH_2 等回流一段时间后新蒸使用。

固态单体则多采用重结晶或升华的方法。如丙烯酰胺可用丙酮、三氯甲烷或甲醇等溶剂进行重结晶。

乙烯基单体在光或热的作用下易发生聚合反应，因此单体在贮存时必须采取一些保护措施。单体长期贮存时必须加入适当的阻聚剂，如醌、酚、胺、硝基化合物、亚硝基化合物或金属化合物等。对于多数的单体而言，通常加入 0.1%～1% 的对苯二酚或 4-叔丁基邻苯二酚就足以起到阻聚作用。但在聚合反应前需将这些阻聚剂除去。大多数经提纯后的单体可在避光及低温条件下短时间贮存，如放置在冰箱中；若需贮存较长时间，则除避光低温外还需除氧及氮气保护。实验室的通常作法是将提纯后的单体在氮气保护下封管再避光低温贮存。

1.4 常见引发剂（催化剂）的提纯

为使聚合反应顺利进行以及获得真实准确的聚合反应实验数据，对引发剂（催化剂）进行提纯处理是非常必要的，以下是一些常见引发剂（催化剂）的提纯方法。

1.4.1 过氧化苯甲酰（BPO）

过氧化苯甲酰常采用重结晶的方法提纯，但为防止发生爆炸，重结晶操作应在室温下进行。将待提纯的 BPO 溶于三氯甲烷，再加等体积的甲醇或石油醚使 BPO 结晶析出。也可用丙酮加 2 倍体积的蒸馏水重结晶。如将 5g 的 BPO 在室温下溶于 20mL 的 $CHCl_3$，过滤除去不溶性杂质，滤液滴入等体积的甲醇中结晶，过滤，晶体用冷甲醇洗涤，室温下真空干燥，贮于干燥器中避光保存。必要时可进行多次重结晶。

1.4.2 过氧化二异丙苯

用 95% 乙醇溶解，活性炭脱色后，冷却结晶。室温下真空干燥，避光保存。

1.4.3 过硫酸钾（KPS）或过硫酸铵（APS）

过硫酸钾（铵）中的杂质主要为硫酸氢钾（铵）和硫酸钾（铵），可用水重结晶除去。如将过硫酸盐用 40℃ 的水溶解（10mL/g），过滤，滤液冷却结晶。50℃ 真空干燥。置于干燥器中避光保存。

1.4.4 偶氮二异丁腈（AIBN）

可用丙酮、三氯甲烷或甲醇重结晶，室温下真空干燥，避光贮于冰箱中。如将 50mL 95% 的乙醇加热至接近沸腾，迅速加入 5g AIBN 溶解，趁热过滤，滤液冷却结晶。

1.4.5 四氯化钛

加少量纯净铜屑回流除色，然后在氮气保护下用全玻璃仪器蒸馏。

1.4.6 三氯化铝（无水）

在全玻璃仪器内于 4000～6600Pa 下氮气流中升华数次。

1.4.7　三氟化硼乙醚（BF_3OEt_2）

加过量无水乙醚处理后，加氢化钙减压蒸馏。

1.4.8　氯化亚铜（CuCl）

溶于浓盐酸，再用水稀释沉淀，过滤，用乙醇和乙醚洗涤，真空干燥，保存于真空干燥器内或在氮气保护下封管保存。

1.5　常见溶剂的处理

通常的溶剂由于在其制备与贮存过程中难免会引入一些杂质，而且有些试剂在贮存过程中还需加入各种稳定剂，因此必要时，需在聚合反应前进行预处理。以下是几类常见溶剂的通用处理方法。

1.5.1　醇类

醇类溶剂中常见的杂质是醛、酮和水，可加少量金属钠回流 2h 后蒸馏，以除去其中的醛和酮。水也可用类似方法除去，但通常用金属镁来代替金属钠，因为镁反应后生成的是不溶性的氢氧化镁，更有利于反应完全。金属镁最好先用碘活化。

1.5.2　酯类

酯类溶剂中常见的杂质是对应的酸、醇和水。可先用 10％左右的碳酸钠或氢氧化钠溶液洗涤，除去酸性杂质，再加氯化钙充分搅拌除去醇，然后加碳酸钾或硫酸镁干燥后蒸馏。

1.5.3　醚类

醚类溶剂中常见的杂质是对应的醇类及其氧化产物、过氧化物和水。可加入碱性高锰酸钾溶液搅拌数小时以除去过氧化物、醛类和醇类，然后分别用水和浓硫酸洗涤，水洗至中性，用氯化钙干燥，过滤，加金属钠或氢化铝锂回流蒸馏。在蒸馏醚类溶剂时特别要注意不能蒸干，以防止因过氧化物去除不彻底而发生爆炸，一般留下的残留液须占总体积的四分之一左右。

1.5.4　卤代烃

脂肪族卤代烃中常见的杂质是其制备原料氢卤酸和醇，芳香族卤代烃中常见的杂质是对应的芳香烃、胺或酚类。其处理方法是依次用浓硫酸、水、5％碳酸钠或碳酸氢钠溶液洗涤，再用水洗至中性，氯化钙干燥后蒸馏，若需进一步除水，可加氢化钙回流蒸馏，注意不能用金属钠。

1.5.5　烃类

脂肪烃类溶剂先加浓硫酸摇动洗涤，至硫酸层几小时内不变色为止，再依次用水、10％氢氧化钠溶液和水洗涤，无水氯化钙或硫酸钠干燥，过滤后加金属钠或五氧化二磷或氢化钙回流蒸馏。

芳香烃溶剂中最常见的杂质是对应的噻吩及一些含硫杂质，其处理方法是先用浓硫酸洗涤以除去上述杂质，为防止磺化，洗涤时温度最好保持在 30℃以下，然后依次用水、5％的碳酸氢钠或氢氧化钠溶液洗涤，再水洗至中性，加氯化钙初步干燥后，可加五氧化二磷、钠或氢化钙等回流蒸馏进一步除去水。

1.6　聚合物的分离与提纯

在聚合反应完成后，是否需要对聚合物进行分离后处理取决于聚合体系的组成及聚合物的最终用途。如本体聚合和熔融缩聚，由于聚合体系中除单体外只有微量甚至没有外加的催化剂，因此聚合体系中所含的杂质很少，并不需要分离后处理程序。有些聚合物在聚合反应完成后便可直接以溶液或乳液形式成为商品，因此也不需要进行分离后处理，如有些胶黏剂和涂料等的合成。其他的聚合反应一般都需要把聚合物从聚合体系中分离出来才能应用。此外，为了对聚合产物进行准确的分析表征，在聚合反应完成后不仅需要对聚合物进行分离还需要进行必要的提纯。而且分离提纯还有利于提高聚合物的各种性能，特别是一些具有特殊用途的聚合物，如光、电功能高分子材料、医用高分子材料等，对聚合物的纯度要求都相当高，对于这类高分子，分离提纯是必不可少的。

1.6.1　聚合物的分离

聚合物的分离方法取决于聚合物在反应体系中的存在形式，聚合物在反应体系中的存在形式大致可分为以下几种：

（1）沉淀形式　如沉淀聚合、悬浮聚合、界面缩聚等，聚合反应完成后，聚合物以沉淀形式存在于反应体系中，这类聚合反应的产物分离比较简单，可用过滤或离心方法进行分离。

（2）溶液形式　如果聚合物以溶液形式存在于反应体系中，聚合物的分离可有两种方法，一是用减压蒸馏法除去溶剂、残余的单体以及其他的挥发性成分，但该方法由于难以彻底除去引发剂残渣及聚合物包埋的单体与溶剂，在实验室中一般很少使用，但由于可进行大量处理，因而在工业生产中多被采用；另一种方法是加入沉淀剂使聚合物沉淀后再分离，该方法常用于实验室少量聚合物的处理，由于需大量沉淀剂，工业生产较少用。

使用沉淀法时，对沉淀剂有一定的要求。首先，沉淀剂必须对单体、聚合反应溶剂、残余引发剂及聚合反应副产物（包括不需要的低聚物）等具有良好的溶解性，但不溶解聚合物，最好能使聚合物以片状而不是油状或团状沉淀出来。其次沉淀剂应是低沸点的，且难以被聚合物吸附或包藏，以便于沉淀聚合物的干燥。

沉淀时通常将聚合物溶液在强烈搅拌下滴加到4～10倍量的沉淀剂中，为使聚合物沉淀为片状，聚合物溶液的浓度一般以不超过10%为宜。有时为了避免聚合物沉淀为胶体状，需在较低温度下操作或在滴加完后加以冷冻，也可以在沉淀剂中加入少量的电解质，如氯化钠或硫酸铝溶液、稀盐酸、氨水等。此外，长时间的搅拌也有利于聚合物凝聚。

如果聚合物对溶剂的吸附性较强或易在沉淀过程中结团，用滴加的方法通常难以将聚合物很好地分离，而需将聚合物溶液以细雾状喷射到沉淀剂中沉淀。

（3）乳液形式　要把聚合物从乳液中分离出来，首先必须对乳液进行破乳，即破坏乳液的稳定性，使聚合物沉淀。破乳方法取决于乳化剂的性质，对于阴离子型乳化剂，可用电解质如 $NaCl$、$AlCl_3$、$KAl(SO_4)_2$ 等的水溶液作为破乳剂，其中尤以高价金属盐的破乳效果最好。如果酸对聚合物没有损伤的话，稀酸如稀盐酸等也是非常不错的破乳剂。所加破乳剂应容易除去。

通常的破乳操作程序是在搅拌下将破乳剂溶液滴加到乳液中直至出现相分离，必要时事先应将乳液稀释，破乳后可加热（60～90℃）一段时间，使聚合物沉淀完全，再冷却至室温，过滤、洗涤、干燥。

1.6.2 聚合物的提纯

聚合物的提纯不仅对准确的结构分析表征是必要的，而且也是提高聚合物性能如力学性能、电学性能、光学性能等的有力手段。

最常用的聚合物提纯方法是多次沉淀法：将聚合物配成浓度<5%的溶液，再在强烈搅拌下将聚合物溶液倾入到过量沉淀剂（通常为4～10倍量）中沉淀，多次重复操作，可将聚合物包含的可溶于沉淀剂的杂质除去。但如果聚合物中包含的杂质是不溶性的，且颗粒非常小，一般的过滤难以将其除去，如有些金属盐类催化剂等，在这种情形下可考虑先将配好的聚合物溶液用装有一定量硅藻土的玻璃砂芯漏斗过滤，使不溶性的杂质被硅藻土吸附后，再将滤液进行多次沉淀；有时甚至可采用柱层析方法来提纯。

经多次沉淀法提纯的聚合物还需经干燥除去聚合物包藏或吸附的溶剂、沉淀剂等挥发性杂质，要取得好的干燥效果，必须把聚合物尽可能地弄碎，这就要求在沉淀时小心地选择沉淀剂及其用量，以使聚合物尽可能地以细片状沉淀，因此使用喷射沉淀法对聚合物的干燥是非常有利的。若聚合物无法沉淀成碎片状，则可采用冷冻干燥技术，如将聚合物溶液用干冰-丙酮浴或液氮冷冻成固体，再抽真空使溶剂升华而得到蜂窝状或粉末状的聚合物。

【附】 几种常见单体和溶剂的提纯处理

[附1] 甲基丙烯酸甲酯（MMA）的提纯

甲基丙烯酸甲酯是无色透明的液体，沸点 $100.3\sim100.6℃$，$d_4^{20}=0.937$，$n_D^{20}=1.4318$。市售甲基丙烯酸甲酯一般含有阻聚剂，以防在运输、储存过程中发生聚合，常用的阻聚剂为对苯二酚。单体提纯时先用碱溶液洗涤，方法是在 500mL 分液漏斗中加入 250mL MMA 单体，用 5%NaOH 水溶液反复洗至无色，每次 NaOH 用量为 40～50mL，再用蒸馏水洗至中性，用无水硫酸钠干燥后，加入干净的铜屑进行减压蒸馏，收集相应温度下的馏分。

不同压力下甲基丙烯酸甲酯的沸点

温度/℃	30	40	50	60	70	80	90	100
压力/kPa	7.01	10.8	16.5	25.2	37.2	52.9	72.9	101.3

[附2] 苯乙烯的提纯

苯乙烯为无色或浅黄色透明液体，沸点为 $145.2℃$，$d_4^{20}=0.9060$，$n_D^{20}=1.5459$。苯乙烯的精制方法与甲基丙烯酸甲酯相同，先用碱洗涤，再用蒸馏水或去离子水洗涤至中性，用无水硫酸钠干燥，再加入干净的铜屑进行减压蒸馏，收集相应压力下的馏分。应注意的是：苯乙烯进行减压蒸馏时，内压不要太低，否则不容易控制，一般控制在 58～59℃/5332Pa。若需严格除水，则在用无水硫酸钠干燥后，再加氢化钙回流，在氢化钙存在下进行减压蒸馏。

不同压力下苯乙烯的沸点

温度/℃	30.8	44.6	59.8	69.5	82.1	101.4	122.6	145.2
压力/kPa	1.33	2.66	5.35	8.0	13.3	26.6	53.5	101.3

[附3]　乙酸乙烯酯的提纯

乙酸乙烯酯是无色透明的液体，沸点 72.5℃，冰点 $-100℃$，$d_4^{20}=0.9342$，$n_D^{20}=1.3956$。把 200mL 的乙酸乙烯酯放在 500mL 分液漏斗中，用饱和亚硫酸氢钠溶液洗涤三次，每次用量 50mL，再用饱和碳酸钠溶液洗涤三次，每次用量 50mL，然后用蒸馏水或去离子水洗涤至中性，用无水硫酸钠干燥，静置过夜。常压蒸馏收集 71.8~72.5℃ 馏分。

[附4]　丙烯腈的提纯

丙烯腈是无色透明的液体，沸点 77.3℃，$d_4^{20}=0.8060$，$n_D^{20}=1.3911$，在水中溶解度（20℃）为 7.3%。市售丙烯腈若为 C.P. 试剂，则用无水氯化钙干燥 3h，过滤，加几滴高锰酸钾溶液，进行常压蒸馏，收集 76~78℃ 的馏分。

[附5]　二氯甲烷、二氯乙烷

分次加浓硫酸摇动直至酸层无色，然后用水、5% 的碳酸钠或氢氧化钠水溶液洗涤，再用水洗至中性，用氯化钙初步干燥后，加氢化钙或五氧化二磷回流蒸馏。

[附6]　甲苯、苯

先用冷的浓硫酸洗涤至酸层无色，然后用水、5% 碳酸氢钠溶液或氢氧化钠溶液洗涤，再水洗至中性，用氯化钙初步干燥后，加五氧化二磷或氢化钙加热回流蒸馏。

[附7]　四氢呋喃、乙醚

加入碱性高锰酸钾溶液搅拌数小时以除去过氧化物、醛类和醇类，然后分别用水和浓硫酸洗涤，水洗至中性，用氯化钙干燥，过滤，以二苯甲酮为指示剂，加金属钠回流至溶液呈深蓝色，新蒸使用。

参考文献

[1]　D. 布劳恩，H. 切尔德龙，W. 克恩著. 聚合物合成和表征技术. 黄葆同等译校. 北京：科学出版社，1981.

[2]　D. D. 佩林，W. L. F. 阿马里戈，D. R. 佩林著. 实验室化学药品的提纯方法. 第 2 版. 时雨译. 北京：化学工业出版社，1987.

第2章

逐步聚合反应[1]

逐步聚合反应的实施方法主要有以下四种：熔融聚合、溶液聚合、界面缩聚和固相聚合。

2.1 熔融聚合

熔融聚合是指聚合体系中只加单体和少量催化剂，不加任何溶剂，聚合过程中原料单体和生成的聚合物始终处于熔融状态下进行的聚合反应。从聚合体系的组成看，与自由基聚合的本体聚合相似。熔融聚合主要应用于平衡缩聚反应，如聚酯、聚酰胺和不饱和聚酯等的合成。

熔融聚合操作较简单，把单体混合物、催化剂、分子量调节剂和稳定剂等投入反应器内，然后加热使物料在熔融状态下进行反应，温度随着聚合反应的进行而逐步提高，保持聚合反应温度始终比反应物的熔点高 10～20℃。为防止反应物在高温下发生氧化副反应，聚合反应常需在惰性气体（如氮气）保护下进行，同时为更彻底地除去小分子副产物，反应常需在高真空条件下进行。

在熔融聚合反应过程中，随着反应的进行，反应程度的提高，反应体系的理化特性会发生显著变化，与之相适应地，工艺上一般可分为以下三个阶段：①初期阶段。该阶段的反应主要以单体之间、单体与低聚物之间的反应为主。由于体系黏度较低，单体浓度大，逆反应速率小，对反应中生成的小分子副产物的除去程度要求不高，因而可在较低温度、较低真空度下进行，该阶段应注意的主要问题是防止单体挥发、分解等，保证功能基等摩尔比。②中期阶段。该阶段的反应主要以低聚物之间的反应为主，伴随有降解、交换等副反应。该阶段的任务在于除去小分子副产物，提高反应程度，从而提高聚合产物分子量。由于该阶段的反应物主要为低聚物，要使之保持熔融状态，同时使低分子副产物易除去，必须采用高温、高真空。③终止阶段。当聚合反应条件已达预期指标，或在设定的工艺条件下，由于体系物理化学性质等原因，小分子副产物的移除程度已达极限，无法进一步提高反应程度，因此需及时终止反应，避免副反应，节能省时。

熔融聚合的优点是体系组成简单，产物后处理容易，可连续生产。缺点是必须严格控制单体功能基等摩尔比，对原料纯度要求高，且需高真空，对设备要求高，反应温度高，易发生副反应。

[实验一] 聚对苯二甲酸乙二醇酯的合成及其熔融纺丝

聚对苯二甲酸乙二醇酯（PET），常温下具有优良的机械性能和耐磨性能，耐酸碱及多种有机溶剂，吸水性小，电绝缘性好。聚对苯二甲酸乙二醇酯除可用作纺织品外，还可作帘子线、化工滤布、电影胶片、录音磁带的片基、光盘基材、耐热绝热漆、轴承、齿轮等。

工业上合成聚对苯二甲酸乙二醇酯的方法主要有[2]：

（1）直接酯化法　大致可分为两阶段，第一阶段为对苯二甲酸（TPA）和过量的乙二醇（约1∶1.2）直接酯化，反应在常压或加压下于230～270℃进行，同时除去酯化反应生成的水，反应产物为低聚物。在第二阶段，逐步升温至270～290℃，并逐渐提高真空度直至除去过量的乙二醇获得高分子量PET（数均聚合度约200）。

（2）酯交换法　将1∶2.5（摩尔比）的对苯二甲酸二甲酯（DMT）和乙二醇加入酯交换反应器，在锌、锰、钴等乙酸盐或者与Sb_2O_3混合催化剂存在下，于160～190℃进行酯交换反应，当馏出的甲醇量为理论量的85%～90%时，可认为酯交换反应完毕。酯交换产物再进行缩聚反应得到聚对苯二甲酸乙二醇酯。

（3）环氧乙烷法　先由TPA和环氧乙烷反应得到对苯二甲酸双乙二醇酯（BHET），再缩聚得到聚合物。该方法中，环氧乙烷通常需过量较多，反应温度为100～130℃，反应压力为1.96～2.94MPa，使用的催化剂通常为脂肪胺或季铵盐。

$$HOOC{-}\bigcirc{-}COOH + 2\ \triangle O \longrightarrow BHET \xrightarrow{\text{缩聚}} 聚对苯二甲酸乙二醇酯$$

目前工业生产绝大多数都采用直接酯化法。

本实验采用酯交换法。

一、主要药品与仪器

对苯二甲酸二甲酯（DMT）	7.50g
乙二醇（新蒸）	5.3mL
$Zn(Ac)_2$	0.003g
Sb_2O_3	0.003g

反应装置如图2-1所示。

二、实验步骤

1. 酯交换反应

按图2-1装好仪器[注1]，检查系统是否漏气，要求系统余压不超过4mmHg（1mmHg=133.322Pa）才可投料。依次将DMT、$Zn(Ac)_2$、Sb_2O_3加入反应管内，再用移液管把乙二醇沿搅拌棒加入反应管，装好仪器后抽真空、通氮气，重复操作3次以排除体系中的空气。除氧操作完成后，将三通活塞接通乙二醇液封并保持通氮气。整个反应过程在氮气保护下进行，氮气流速控制在约2～3个气泡/秒（由乙二醇液封观察，当温度高于100℃时减小流速，以免将升华的DMT带出反应系统）。冷凝管通水后，开始加热，当反应系统内温度达约140℃时，保温套温度保持在64℃±2℃，此时反应物开始熔化，可开动搅拌，并逐步提高搅拌速度，迅速升温至165～170℃，当冷凝管口有液体滴出时，表明酯交换反应开始，继续提高温度至190～194℃[注2]，保持在此温度下反应至数分钟内无液体滴出，表明酯交换反应结束，酯交换反应时间约为1.5h。记下蒸出甲醇体积，取出刻度管倾去

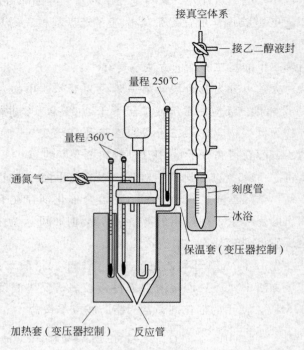

接真空体系

接乙二醇液封

量程 250℃

量程 360℃

通氮气

刻度管

冰浴

保温套（变压器控制）

加热套（变压器控制）　　反应管

图 2-1　熔融缩聚装置示意图

甲醇后重新装上。

　　2. 缩聚反应

　　将反应温度升至 240℃，保温套温度升至 190℃±5℃，此时又有液体蒸出，待液体蒸出速度减慢后，将反应温度逐步提高至 270～275℃[注3]，停止通氮，先在低真空下进行反应，随着液体蒸出速度的减慢，逐步提高真空度，直至高真空（余压＜4mmHg 以下）。高真空反应至数分钟内没有液体蒸出时为止。缩聚反应的时间约为 1.5h，记下蒸出液体的体积，停止搅拌 10min，准备抽丝。

　　3. 抽丝（纺丝）

　　停止抽真空，通氮气保持系统正压，反应管温度维持在 270～280℃[注4]。数分钟后，将反应管底部的尖端夹断，若无熔体流出，可用酒精灯适当加热反应管尖端，待熔体流出成丝后，将丝引至转动着的抽丝卷筒上进行抽丝。

　　注 1. 搅拌棒应尽量接近反应管底部，保证搅拌充分均匀有效。

　　注 2. 有液体滴出表明酯交换反应开始，酯交换反应的温度应严格控制，不要超过 195℃。

　　注 3. 反应温度不要超过 280℃，以免聚合产物发生脱羧、裂解等副反应。

　　注 4. 270～280℃为实验正常时的抽丝温度，若分子量偏低，可适当降低温度，反之可适当升高温度，以保证抽丝顺利进行。

　　三、思考题

　　1. 由蒸出的甲醇量计算酯交换反应的转化率。

　　2. 由蒸出的乙二醇量计算缩聚反应的反应程度，并推算聚合产物的数均聚合度。

　　3. 为什么熔融聚合不是反应一开始就在真空条件下进行，而是逐步由常压到低真空再到高真空？

2.2　溶液聚合

溶液聚合是指将单体等反应物溶在溶剂中进行聚合反应的一种实施方法。其溶剂可以是单一的，也可以是几种溶剂的混合物。溶液聚合广泛应用于涂料、胶黏剂等的制备，特别适于合成分子量高且难熔的耐热聚合物，如聚酰亚胺、聚苯醚、聚芳香酰胺等。溶液聚合可分为高温溶液聚合和低温溶液聚合。高温溶液聚合采用高沸点溶剂，多用于平衡逐步聚合反应。低温溶液聚合一般适于高活性单体，如二元酰氯、异氰酸酯与二元醇、二元胺等的反应。由于在低温下进行，逆反应不明显。

溶液聚合的关键之一是溶剂的选择，合适的聚合反应溶剂通常需具备以下特性：①对单体和聚合物的溶解性好，以使聚合反应在均相条件下进行；②溶剂沸点应不低于设定的聚合反应温度；③有利于小分子副产物移除，如使用可与小分子副产物形成共沸物的溶剂，在溶剂回流时将小分子副产物带出反应体系；或者使用沸点高于小分子副产物的高沸点溶剂，便于将小分子副产物蒸馏除去；或者可在体系中加入可与小分子副产物反应而对聚合反应没有其他不利影响的化合物。

溶液逐步聚合反应的优点是：①反应温度低，副反应少；②传热性好，反应可平稳进行；③无需高真空，反应设备较简单；④可合成热稳定性低的产品。缺点是：①反应影响因素增多，工艺复杂；②若需除去溶剂时，后处理复杂，必须考虑溶剂回收、聚合物的分离以及残留溶剂对聚合物性能、使用等的不良影响。

［实验二］　聚苯硫醚的合成

聚苯硫醚（PPS）是 20 世纪 70 年代初工业化的一种耐热工程塑料，具有优异的化学性能、热性能和机械性能，在通用的热塑性工程塑料和特种涂料方面具有重要的应用。可有几种合成路线：①对二氯苯、硫磺和碳酸钠熔融缩聚；②苯硫酚的单价或二价金属盐自缩聚；③对二氯苯和无水硫化钠在强极性有机溶剂（如六甲基磷酰三胺，简写为 HMPA、HMPT 或 HPT；或 N-甲基吡咯烷酮，简写为 NMP）中进行高温溶液缩聚；④对二溴苯和 Na_2S 在极性溶剂中的溶液缩聚[3]。其中路线③是重要的商业化生产路线，其聚合反应式如下：

$$nCl\text{—}\text{—}Cl + nNa_2S \longrightarrow Cl\text{—}(\text{—}S)_{n-1}\text{—}SNa + (2n-1)Na_2Cl$$

$$\downarrow H_2O$$

$$Cl\text{—}(\text{—}S)_n H$$

所得聚合物的端基性质对聚合物性能影响显著。末端基团主要为—Cl 的聚合产物与末端基团主要为—SH 的聚合产物相比，结晶性更高、晶区尺寸更大、热稳定性更好、胶凝时间更长[4]。虽然可通过改变单体投料比，使对二氯苯过量来获得更高的末端—Cl 含量，但由于单体投料比偏离等功能基摩尔比，难以获得高分子量的聚合产物，因此更有效的方法是维持单体投料等功能基摩尔比，而在聚合反应末期再加入适量的对二氯苯进行封端：

$$Cl \text{---} \left[\text{---} S \text{---} \right]_n Na + Cl \text{---} \text{---} Cl \longrightarrow Cl \text{---} \left[\text{---} S \text{---} \right]_n \text{---} Cl$$

该方法工艺稳定，操作简单、方便，所得聚合产物的分子量分布窄。本实验将采用该方法。

近来有人报道了一种由环化低聚物合成 PPS 的新工艺[5]，即先由对二氯苯与 Na_2S 反应合成环化低聚物，再通过环化低聚物的开环聚合合成高分子量的 PPS。该工艺具有许多优点，如无小分子副产物，所得产物为纯的聚合物，不含通常 PPS 商品中的卤代低聚物和硫醇等副产物及杂质，这对 PPS 在电子领域的应用是非常有利的，同时对提高聚合物的耐溶剂性及机械性能等也有帮助，而且采用环化低聚物工艺可对 PPS 进行反应成型加工。

一、主要药品与仪器

对二氯苯[*a]	29.4g（0.2mol）＋1.47g
无水 Na_2S[*b]	15.6g（0.2mol）
N-甲基吡咯烷酮（NMP）[*c]	100mL
丙酮、乙醇、水等	
250mL 三颈瓶	1个
电动搅拌器	1套
温度计	2支
回流冷凝管	1支
恒温浴	1套
抽滤装置	1套

* a. 其中的 1.47g 在聚合反应后期作为封端剂加入；b. 无水 Na_2S 可由含水的 Na_2S 在真空烘箱中真空干燥脱水而得，也可将含水的 Na_2S 与极性溶剂加热，使水转化为蒸汽、或与溶剂形成共沸物而将水除去，或者将含水 Na_2S 与适当的干燥剂一起抽真空干燥获得（参看第 1 章相关内容）。一般要求水的含量＜5％，Na_2S 含量＞90％；c. 强极性溶剂六甲基磷酰三胺或 N-甲基吡咯烷酮，不仅对对二氯苯有良好溶解性，对无机物 Na_2S 也具有良好的溶解性，从而保证聚合反应在均相条件下进行。

二、实验步骤

在一干燥的带有回流冷凝管、搅拌器和温度计的 250mL 三颈瓶中 [反应装置如图 1-1(a)]加入 100mL NMP，开动搅拌，加热升温至约 100℃时，加入 15.6g 无水 Na_2S，继续升温至 180℃左右，加入 29.4g 对二氯苯，控制反应温度在 220~228℃（聚合反应为放热反应，注意温度的控制），观察反应过程中体系颜色变化，最后为白色，反应 5~6h后，加入 1.47g 对二氯苯进行封端反应，继续反应 1~2h 后停止加热，待反应混合物冷至 140℃左右时，将反应混合物倒入 400mL 水中沉淀，抽滤，沉淀聚合物用热水洗涤 6~8次，乙醇洗涤 3 次，丙酮洗涤 2 次，所得聚合物在 80℃下真空干燥。称重，计算产率。

三、思考题

1. 本实验中的小分子副产物是什么？为何无需从反应体系中移除？

2. 试讨论在反应原料中添加过量单体和在聚合反应末期添加过量单体对聚合产物分

子量的影响。

2.3 界面缩聚

　　界面缩聚是将两种单体分别溶于两种互不相溶的溶剂中，再将这两种溶液倒在一起，在两液相的界面上进行缩聚反应，聚合产物不溶于溶剂，在界面析出。

　　界面缩聚具有以下特点：①界面缩聚是一种不平衡缩聚反应，小分子副产物可被溶剂中某一物质所消耗吸收；②界面缩聚反应速率受单体扩散速率控制；③单体为高反应性，聚合物在界面迅速生成，其分子量与总的反应程度无关；④对单体纯度与功能基等摩尔比要求不严；⑤反应温度低，可避免因高温而导致的副反应，有利于高熔点耐热聚合物的合成。

　　界面缩聚由于需采用高活性单体，且溶剂消耗量大，设备利用率低，因此虽然有许多优点，但工业上实际应用并不多。典型的例子是用光气与双酚 A 界面缩聚合成聚碳酸酯。

［实验三］ 对苯二甲酰氯与己二胺的界面缩聚

　　对苯二甲酰氯与己二胺反应生成聚对苯二甲酰己二胺，反应式为：

$$n\text{Cl}-\overset{O}{\underset{\|}{C}}-\boxed{}-\overset{O}{\underset{\|}{C}}-\text{Cl} + n\text{H}_2\text{N}(\text{CH}_2)_6\text{NH}_2 \longrightarrow \text{Cl}\left[\overset{O}{\underset{\|}{C}}-\boxed{}-\overset{O}{\underset{\|}{C}}-\text{NH}(\text{CH}_2)_6\text{NH}\right]_n\text{H} + (2n-1)\text{HCl}$$

　　反应实施时，将对苯二甲酰氯溶于有机溶剂如 CCl_4，己二胺溶于水，且在水相中加入 NaOH 来消除聚合反应生成的小分子副产物 HCl。将两相混合后，聚合反应迅速在界面进行，所生成的聚合物在界面析出成膜，把生成的聚合物膜不断拉出，单体不断向界面扩散，聚合反应在界面持续进行。界面缩聚示意图如图 2-2 所示。

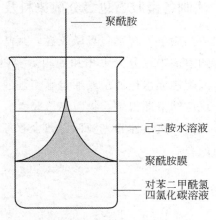

　　　　　　　　　　　　　　　　　　　　　——聚酰胺

　　　　　　　　　　　　　　　　　　　　　——己二胺水溶液

　　　　　　　　　　　　　　　　　　　　　——聚酰胺膜

　　　　　　　　　　　　　　　　　　　　　对苯二甲酰氯
　　　　　　　　　　　　　　　　　　　　　四氯化碳溶液

图 2-2　界面缩聚示意图

一、主要药品与仪器

　　对苯二甲酰氯　　　　　1.35g

　　己二胺　　　　　　　　0.77g

　　CCl_4　　　　　　　　　100mL

NaOH	0.53g
带塞锥形瓶 250mL	1个
烧杯 250mL	2个
100mL	2个
玻璃棒	1支
镊子	1把

二、实验步骤

于干燥的 250mL 锥形瓶中称取 1.35g 对苯二甲酰氯，加入 100mL 无水 CCl_4，盖上塞子，摇荡使对苯二甲酰氯尽量溶解配成有机相。另取两个 100mL 烧杯分别称取新蒸己二胺 0.77g 和 NaOH 0.53g，共用 100mL 水将其分别溶解后倒入 250mL 烧杯中混合均匀，配成水相。

将有机相倒入干燥的 250mL 烧杯中，然后用一玻棒紧贴烧杯壁并插到有机相底部，沿玻璃棒小心地将水相倒入，马上就可在界面观察到聚合物膜的生成。用镊子将膜小心提起，并缠绕在一玻璃棒上，转动玻璃棒，将持续生成的聚合物膜卷绕在玻璃棒上。所得聚合物放入盛有 200mL 1% HCl 水溶液中浸泡后，用水充分洗涤至中性，最后用蒸馏水洗，压干，剪碎，置真空干燥箱中于 80℃真空干燥，计算产率。

三、思考题

1. 为什么在水相中需加入两倍量的 NaOH？若不加，将会发生什么反应？对聚合反应有何影响？

2. 二酰氯可与双酚类单体进行界面缩聚合成聚酯，但却不能与二醇类单体进行界面缩聚，为什么？

[实验四] 界面缩聚法制备微胶囊包裹分散染料及无碳复写纸的制备[6]

界面缩聚的重要应用之一是制备聚合物包裹微胶囊，其基本方法可简述如下：将两种单体分别溶于两种互不相溶的溶剂中（分为水相和油相），将被包裹材料（芯材）分散或溶于其中一相，再将两种溶液配制成水包油型或油包水型乳液。界面缩聚发生在两相界面形成聚合物膜将芯材包裹，反应结束即得聚合物包裹微胶囊。微胶囊技术可提高和改善芯材的稳定性、反应活性、压敏性、热敏性和光敏性，减少有毒物质的危害性，可制备缓释型微胶囊，控制挥发性物质的释放。

一、主要药品与仪器

对苯二甲酰氯	3.85g
二乙烯三胺	1.5g
邻苯二甲酸二丁酯	25g
聚乙烯醇（PVA-1788）	0.5g
染料（结晶紫内酯）	0.5g
NaOH	1.6g
蒸馏水	100mL

高速分散机	1 台
250mL 高脚烧杯	1
100mL 三角瓶	3

二、实验步骤

1. 各反应溶液的配制

（1）PVA 溶液：将 0.5g PVA-1788 溶于 75mL 水。

（2）酰氯溶液：将 3.85g 对苯二甲酰氯加入到 20g 邻苯二甲酸二丁酯，加热至 70℃ 搅拌溶解，30min 后冷却过滤除去不溶物。

（3）染料溶液：将 0.5g 染料加入 5g 邻苯二甲酸二丁酯，加热至 90℃ 搅拌溶解（约需 15min）。

（4）胺溶液：将 1.6g NaOH 溶于 10mL 水，待冷却后加入 1.5g 二乙烯三胺搅拌溶解。

2. 界面缩聚反应

（1）在 250mL 的高脚烧杯中加入 PVA 溶液，开动搅拌（采用剪切效果好的分散搅拌头），调节搅拌速度为 1500～2000r/min，将酰氯溶液和染料溶液混合均匀（油相）后在 30s 内滴加至 PVA 溶液中进行分散，当开始滴加油相时，调高搅拌速度至 7000r/min，搅拌 30min；

（2）立即将胺溶液在 30s 内滴加至上述分散液中，调低搅拌速度至约 2000r/min，搅拌 2～3min 后将搅拌头换成通常的桨式搅拌器，调节搅拌速度至 500r/min，在室温下继续搅拌 30min 后结束反应。

3. 微胶囊检测

用光学显微镜观察微胶囊形态。

4. 微胶囊制备无碳复写纸试验

用双面胶将一复印纸固定在玻璃板上，在复印纸上均匀地涂布微胶囊分散液，彻底风干后即得无碳复写纸。

三、思考题

若芯材是水溶性，则两相混合物应配成水包油型还是油包水型乳液？请查阅文献后简述如何配制水包油型乳液？油包水型乳液又如何配制？

2.4 固相聚合

固相聚合是指单体或预聚物在聚合反应过程中始终保持在固态条件下进行的聚合反应。主要应用于一些熔点高的单体或部分结晶预聚物的聚合反应，因为这些单体或结晶预聚物如果用熔融聚合法可能会因反应温度过高而引起显著的分解、降解、氧化等副反应而使聚合反应无法正常进行。

有关固相聚合的研究开始于 1960 年，上世纪末本世纪初取得了较大进展[7~9]。固相聚合的反应温度一般比单体熔点低 15～30℃，如果反应原料为预聚物，为防止在固相聚合反应过程中固体颗粒间发生黏结，在聚合反应前必须先让预聚物部分结晶，聚合反应温度一般介于非晶部分的玻璃化温度和晶区的熔点之间，在这样的温度范围内，一方面由于链段运动可使分子链末端基团具有足够的活动性，以使聚合反应正常进行；另一方面又能保证聚合物始终处于固体状态，而不会发生熔融或黏结。此外，为使聚合反应生成的小分子副产物及时而又充分地从体系中清除，一般需采用惰性气体如氮气或对单体和聚合物不具溶解性而对聚合反应的小分子副产物具有良好溶解性的溶剂作为清除流体，把小分子副产物从体系中带走，促进聚合反应的进行。

［实验五］ 固相聚合法合成高分子量聚碳酸酯[10]

双酚 A 聚碳酸酯是一种重要的热塑性塑料，具有特别优异的韧性、电性能、热稳定性和机械性能，是一种综合性能优异的工程塑料，具有广泛的应用领域和巨大的市场。目前有两种工业生产方法。

（1）光气法（界面缩聚） 即先将双酚 A 和分子量调节剂的二氯甲烷溶液加入反应器中，再加入 NaOH 水溶液，在水相中通入光气进行界面缩聚。该方法的优点是可获得高分子量的聚合产物，最大的缺点是需使用高毒性的光气，而且还需对大量的废水和二氯甲烷进行后处理。

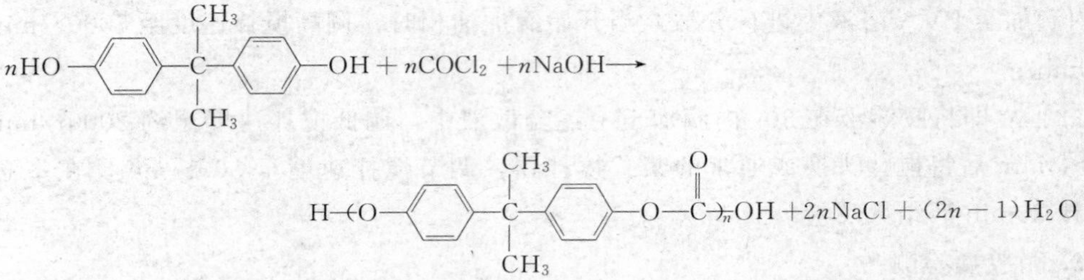

（2）酯交换法 即由碳酸二苯酯和双酚 A 在熔融条件下进行酯交换缩聚反应。该方法无需使用溶剂、并可避免直接使用光气，但是由于熔体的高黏度减缓了聚合反应小分子副产物苯酚的扩散，导致难以及时充分地将苯酚移去，使反应程度受到限制，从而最终限制了聚合产物的分子量，而且双酚 A 在高温及 OH⁻ 存在下不稳定，容易导致聚合产物变色。

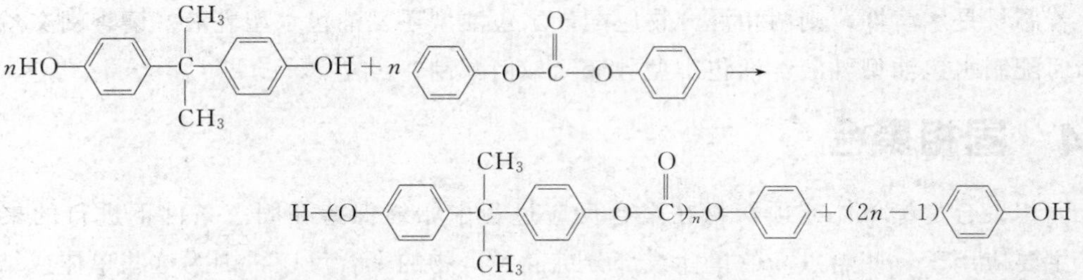

而固相聚合法不仅不需使用光气和溶剂，而且易获得高分子量的聚碳酸酯[10～13]。该方法首先利用酯交换熔融聚合法合成低分子量的聚碳酸酯预聚物，该预聚物再进行固相聚合获得高分子量聚合物。

一、主要药品与仪器

双酚 A[*a]　　　　　　　　　　　　13.7g

碳酸二苯酯*b	13.5g
LiOH·H₂O	1.425g
蒸馏水	25mL
高纯氮	
250mL 四颈瓶	1个
搅拌器	1套
温度计	2支
冷凝管	1支
特制带中号玻璃砂芯 U 形管	1支
恒温浴	1套
研钵	1套

* a. 双酚 A 用甲醇/水（体积比为 1/1）重结晶，60℃真空干燥；b. 碳酸二苯酯用热甲醇重结晶，室温真空干燥。

二、实验步骤

1. 预聚体的合成

在一带搅拌器、通氮管、尾气导管（接冷凝管）的四颈瓶中（反应装置见图 2-3）加入 13.7g 双酚 A（BPA）和 13.5g 的碳酸二苯酯（DPC）（两者摩尔比为 DPC∶BPA＝1.05∶1），通氮气，搅拌升温至 160℃，待单体熔融后，加入 200μg/g（根据单体质量）的 LiOH·H₂O 作为催化剂（预先将 1.425g LiOH·H₂O 溶于 25mL 蒸馏水，取 167μL 该溶液，保持在 160℃反应 0.5h 后，升温至 180℃反应 1h，再升温至 190℃反应 1h，230℃反应 0.5h，然后抽真空 0.5h 以除去副产物苯酚（真空度＜133.3Pa），自然冷却至室温得到固体预聚体。用 GPC 测定聚合产物分子量，DSC 测定 T_g 和 T_m。

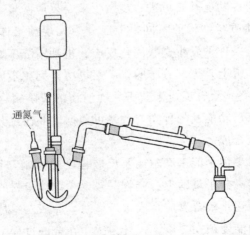

通氮气

图 2-3　预聚体合成反应装置

2. 固相聚合

将上述合成的预聚物研磨成粉，用 75～125μm 的筛网过筛注1。固相反应装置为一带中号玻璃砂芯的 U 形管（如图 2-4 所示），在玻璃砂芯上加入磨成粉的预聚体 0.5g，将 U

形管浸没在 165℃[注2] 的油浴中，通过一段蛇形管向反应管通入氮气[注3]，以带走生成的小分子副产物苯酚。调节氮气流速为 1000～1500mL/min，4h 后停止反应，用 GPC 测定聚合产物分子量，比较固相聚合前后聚合物分子量的变化。

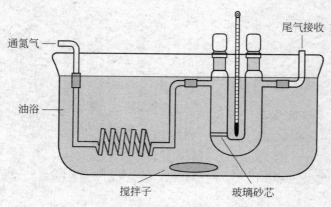

图 2-4　固相聚合反应装置示意图

注 1. 粉粒大小对聚合反应有一定影响，适宜的粉粒尺寸为 75～125μm。
注 2. 所选聚合反应温度比预聚物熔融开始温度低 2～3℃。
注 3. 这样氮气在进行反应管之前可得到良好的预热，从而保证聚合体系温度的恒定。

三、思考题
1. 固相聚合反应的温度该如何控制？为什么？
2. 为促进聚合反应的进行，固相聚合中生成的小分子副产物该如何去除？

2.5　逐步聚合预聚体的合成及其固化

预聚体是指含有反应性功能基、可进一步发生聚合反应的聚合物。利用逐步聚合反应合成的预聚体，根据其性质与结构的不同，一般分为无规预聚体和确定结构预聚体两大类。这些预聚物可在一定条件下发生交联固化反应，得到不溶不熔的固化产物。无规预聚体中反应性功能基在分子链上是无规分布的，一般可由体型逐步聚合反应在聚合反应程度低于凝胶点（$p < p_c$）时终止聚合反应来获得，即所谓的甲阶聚合物。确定结构预聚体具有特定的活性端基或侧基，功能基的种类与数量可根据需要通过分子设计引入，可由逐步聚合反应或链式聚合反应合成。

体型逐步聚合反应对单体功能基摩尔比及反应程度的控制与线型逐步聚合反应不同。线型逐步聚合反应为获得高分子量的聚合产物一般要求单体投料时功能基等摩尔比以及尽可能高的反应程度；体型逐步聚合反应合成预聚体时，一般对单体功能基等摩尔比不作要求，而要求体系的平均功能度须在 2 以上，且为防止在合成过程中发生凝胶化，反应程度必须控制在凝胶点以下。

由逐步聚合反应合成的确定结构预聚体一般是通过单体种类的选择、功能基摩尔比的调节以及使用合适的封端剂等使分子链带上预期的末端功能基或侧基功能基。

无规预聚体的交联固化反应一般与其合成反应的机理相同，可通过加热进一步发生聚合来实现。确定结构预聚体的交联固化反应通常与合成预聚体的反应不同，不能单靠加热来实现，而需要加入专门的催化剂或其他反应物等才能进行，这些加入的催化剂或其他反应物称为固化剂。

[实验六] 醇酸树脂缩聚反应动力学

醇酸树脂通常由二元羧酸、多元醇缩聚而成，通过控制聚合反应投料比，并在聚合反应程度达到凝胶点之前终止聚合反应，可得到可溶可熔的支化聚酯预聚体。该预聚体的交联固化反应通过预聚体所含的未反应羧基和羟基之间的酯化反应进行，因此必须在较高温度下（约200℃）进行，通常用作烤漆。如果在聚合反应体系中加入适当的一元不饱和羧酸进行改性，则可在预聚体中引入不饱和双键，从而得到可在相对较低温度下发生交联固化反应的油改性醇酸树脂，其交联固化反应为其所含双键的聚合反应。合成油改性醇酸树脂时，一般先加入需要量的不饱和羧酸与甘油反应生成一元甘油酯，再与二元酸（或酸酐）反应形成带不饱和双键的预聚物。所加不饱和羧酸的量决定了预聚体中不饱和双键的含量。据所加脂肪酸不饱和度的高、低分为干性油醇酸树脂（或称风干漆）和不干性油醇酸树脂，前者能直接涂成膜，常温下与氧作用（有时需加入氧化促进剂，如环烷酸钴等）固化，后者则不能直接与氧作用固化，必须与其他添加剂混合使用。

常用的二元羧酸是邻苯二甲酸或其酸酐，或其与其他二元酸（如己二酸）的混合物；常用的多元醇除甘油外，还有己三醇、季戊四醇和三羟甲基丙烷等。一元不饱和酸通常为脂肪酸，如亚麻子油等。

本实验的目的是研究邻苯二甲酸酐与甘油的聚合反应动力学。两单体邻苯二甲酸酐与甘油以等功能基摩尔比投料，等功能基摩尔比的邻苯二甲酸酐与甘油进行缩聚反应时，在反应初期生成的是邻苯二甲酸的两种改性酯混合物，反应式为：

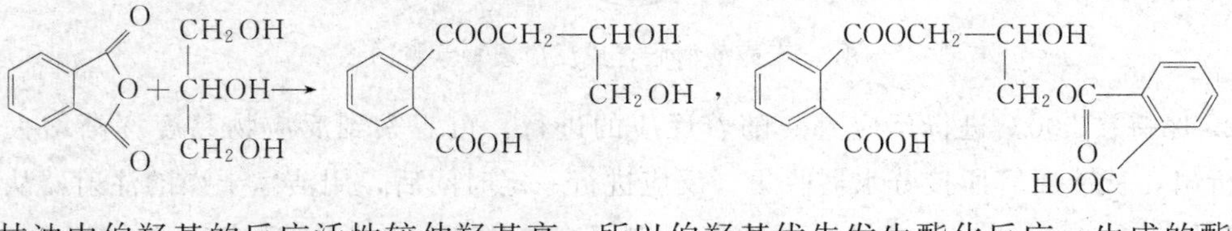

甘油中伯羟基的反应活性较仲羟基高，所以伯羟基优先发生酯化反应。生成的酯可进一步互相发生缩聚反应生成支化产物，最后可生成交联的体型结构产物。

聚合反应程度可通过测定聚合过程中反应物的酸值变化来确定。

一、主要药品与仪器

邻苯二甲酸酐（苯酐）	74g
甘油	30.5g
$0.2mol \cdot L^{-1}$ KOH-乙醇/水溶液、1%酚酞指示剂、丙酮等	
250mL 四颈瓶	1个
电动搅拌器	1套
温度计（量程0～250℃）	1支

回流冷凝管	1 支
分水器	1 个
恒温浴	1 套
刻度管	1 支
氮气钢瓶、注射器等	

二、实验步骤

1. 如图 2-5 装好反应装置，加入 74g（0.5mol）苯酐和 30.5g（0.33mol）甘油，通氮气除氧，迅速加热升温至 200℃[注1]，开始计算反应时间。

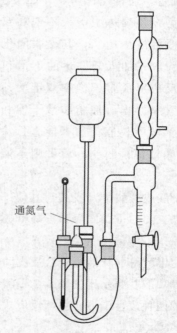

通氮气

图 2-5　醇酸树脂合成反应装置示意图

2. 保持在 200℃进行反应[注2]。随着反应的进行，可观察到反应物黏度逐渐增大，并有水析出，从冷凝管所接分水器收集。反应进行一定时间后，用洁净干燥的注射器从反应瓶中吸取样品 1～1.5g 保存好，供酸值测定用。取样时间为开始反应后的 2min、5min、30min、50min、70min、90min。同时记录相应的出水量。

3. 反应完毕后，将瓶中树脂趁热倒出，反应瓶用碱液浸洗（可适当加热煮洗）。

4. 酸值测定：用一洁净、干燥的 50mL 三角瓶准确称取 1g 左右的样品，然后加入 25mL 丙酮将样品完全溶解，如果样品难溶解时，可用水浴加热（50℃以下）。溶解后，加 3 滴酚酞指示剂，并迅速用 0.2mol·L^{-1} 的 KOH-乙醇/水溶液滴定至呈粉红色为止（15s 不褪色），同时作一空白试验。

酸值 A 是指每克样品所消耗的 KOH 毫克数，按下式计算：

$$A = [56.1 \times N(V - V_0)] \div W$$

式中，N 为 KOH 溶液的浓度，mol·L^{-1}；V 为滴定样品消耗的 KOH 溶液体积，

mL；V_0 为空白试验消耗的 KOH 溶液体积，mL；W 为试样质量，g。

5. 绘出反应时间与酸值的关系图，并与相应的出水量进行比较。

注 1：升温要迅速，当温度升至 120℃后，通氮气的速度须减慢，以免苯酐升华。

注 2：反应到后期，若发现体系黏度增加较快时，应迅速停止反应，以免产生凝胶。

三、思考题

1. 为什么要迅速升温？

2. 反应过程中通氮气速度、温度须保持恒定吗？为什么？

3. 预测本体系的凝胶点 p_c。

[实验七] 三聚氰胺-甲醛树脂的合成及层压板的制备[13,14]

三聚氰胺-甲醛树脂是氨基塑料的重要品种之一，由三聚氰胺和甲醛在碱性条件下缩合，通过控制单体组成和反应程度先得到可溶性的预聚体，该预聚体以三聚氰胺的三羟甲基化合物为主，在 pH8～9 时稳定，在热或催化剂的存在下可进一步通过羟甲基的脱水缩合反应形成交联聚合物：

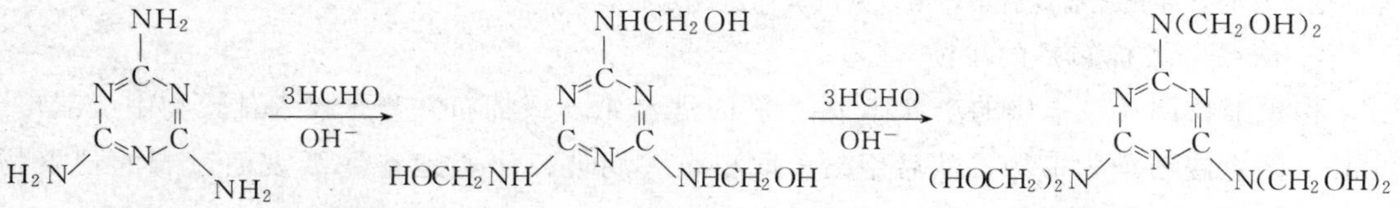

预聚反应的反应程度通过测定沉淀比来控制。预聚反应完成后，将棉布、纸张或其他纤维织物放入所得预聚体中浸渍、晾干，再经加热模压交联固化后，可得到各种不同用途的氨基复合材料制品。

一、主要药品与仪器

三聚氰胺	31.5g
甲醛水溶液（36%）	50mL
乌洛托品（六亚甲基四胺）*	0.12g
三乙醇胺	0.15g（2～3 滴）
250mL 三颈瓶	1 个
搅拌器	1 套
温度计	2 支
回流冷凝管	1 支
滤纸（或棉布）	若干张
恒温浴	1 套
滴管	数支
5mL 或 10mL 量筒	1 支
培养皿	1 个

* 乌洛托品结构式如下，它在碱性条件下分解生成甲醛和 NH_3

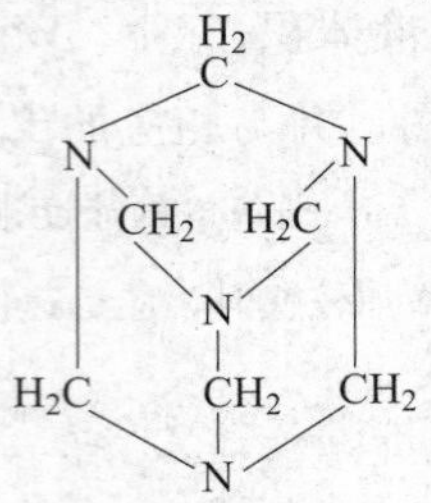

二、实验步骤

1. 预聚体的合成

在一带电动搅拌器、回流冷凝管和温度计的三颈瓶中［反应装置如图 1-1(a)］分别加入 50mL 甲醛溶液和 0.12g 乌洛托品，搅拌，使之充分溶解，再在搅拌下加入 31.5g 三聚氰胺，继续搅拌 5min 后，加热升温至 80℃ 开始反应，在反应过程中可明显地观察到反应体系由浊转清，在反应体系转清后约 30～40min 开始测沉淀比*。当沉淀比达到 2：2 时，立即加入三乙醇胺，搅拌均匀后撤去热浴，停止反应。

* 沉淀比测定：从反应液中吸取 2mL 样品，冷却至室温，在搅拌下滴加蒸馏水，当加入 2mL 水使样品变浑浊时，并且经摇荡后不转清，则沉淀比达到 2：2。

2. 纸张（或棉布）的浸渍

将预聚物倒入一干燥的培养皿中，将 15 张滤纸（或棉布）分张投入预聚物中浸渍1～2min，注意浸渍均匀透彻，然后用镊子取出，并用玻棒小心地将滤纸表面过剩的预聚物刮掉，用夹子固定在绳子上晾干。

3. 层压

将上述晾干的纸张（或棉布）层叠整齐，放在预涂硅油的光滑金属板上，在油压机上于 135℃、4.5MPa 压力下加热 15min*，打开油压机，稍冷后取出，即得坚硬、耐高温的层压塑料板。

* 在热压过程中可观察到大量气泡（反应脱去的水蒸气所形成）产生，为防止树脂过度流失，宜逐步提高压力，并在每次增压前稍稍放气。

三、思考题

本实验中加入的三乙醇胺的作用是什么？

［实验八］ 软质聚氨酯泡沫塑料的制备[14]

聚氨酯泡沫塑料具有稳定的多孔结构，热容量小，导热系数低，吸音防震，耐油耐冷，具有一定强度，在建材、家具、包装等方面具有广泛的应用。

聚氨酯泡沫塑料的合成可分为三个阶段：

（1）预聚体的合成 由二异氰酸酯单体与端羟基聚醚或聚酯反应生成含异氰酸酯端基的聚氨酯预聚体。

$$OCN\!-\!R\!-\!NCO + HO\diagdown\!\!\diagdown\!\!\diagdown OH \longrightarrow OCN\!-\!R\!-\!NH\!-\!\overset{\overset{\displaystyle O}{\|}}{C}\!-\!O\diagdown\!\!\diagdown\!\!\diagdown O\!-\!\overset{\overset{\displaystyle O}{\|}}{C}\!-\!NH\!-\!R\!-\!NCO$$

（2）气泡的形成与扩链，在预聚体中加入适量的水，异氰酸酯端基与水反应生成的氨基甲酸不稳定，分解生成端氨基与 CO_2，放出的 CO_2 气体在聚合物中形成气泡，并且生成的端氨基聚合物可与聚氨酯预聚体进一步发生扩链反应。

$$\sim\!\!\text{NCO} + H_2O \longrightarrow \left[\sim\!\!\text{NH}-\overset{\displaystyle O}{\underset{\displaystyle |}{C}}-\text{OH} \right] \longrightarrow \sim\!\!\text{NH}_2 + CO_2 \uparrow$$

$$\sim\!\!\text{NH}_2 + \sim\!\!\text{NCO} \xrightarrow{\text{扩链}} \sim\!\!\text{NH}-\overset{\displaystyle O}{\underset{\displaystyle |}{C}}-\text{NH}\sim$$

（3）交联固化　游离的异氰酸酯基与脲基上的活泼氢反应，使分子链发生交联形成体型网状结构。

聚氨酯泡沫塑料的软硬取决于所用的羟基聚醚或聚酯，使用较高分子量及相应较低羟值的线型聚醚或聚酯时，得到的产物交联度较低，为软质泡沫塑料；若用短链或支链的多羟基聚醚或聚酯，所得聚氨酯的交联密度高，为硬质泡沫塑料。

泡沫制品的均匀性和开孔、闭孔的分布可通过添加助剂如乳化剂和稳定剂等来调节。乳化剂可使水在反应混合物中分散均匀，从而可保证发泡的均匀性；稳定剂（如硅油）则可防止在反应初期泡孔结构的破坏。

一、主要药品与仪器

三羟基聚醚（分子量 2000～4000）	35g
甲苯二异氰酸酯	10g
二氮杂双环 [2,2,2] 辛烷（DABCO）	0.1g
或三乙醇胺	
二月桂酸二丁基锡	0.1g
硅油	0.1～0.2g
水	0.2g
烧杯、玻棒、纸盒（100×100×50mm）	

二、实验步骤

在一 25mL 烧杯（1#）中将 0.1g（约 3 滴）DABCO（或三乙醇胺）溶解在 0.2g

（约 5 滴）水和 10g 三羟基聚醚中，在另一 50mL 烧杯（2#）中依次加入 25g 三羟基聚醚、10g 甲苯二异氰酸酯和 0.1g（约 3 滴）二月桂酸二丁基锡，搅拌均匀，可观察到有反应热放出。然后在 1# 烧杯中加入 0.1～0.2g（约 10 滴）硅油，搅拌均匀后倒入 2# 烧杯，搅拌均匀，当反应混合物变稠后，将其倒入纸盒中，在室温下放置 0.5h 后，放入约 70℃ 的烘箱中加热 0.5h，即可得到一块白色的软质聚氨酯泡沫塑料。

三、思考题

聚氨酯泡沫塑料的软硬由哪些因素决定？如何保证均匀的泡孔结构？

［实验九］　水性聚氨酯乳液的制备

聚氨酯是一种性能优异的高分子材料，具有耐低温、耐化学腐蚀、耐摩擦及柔性好等优点，目前已作为涂料、胶黏剂、织物整理剂等得到广泛应用。传统的溶剂型聚氨酯在合成过程中需要使用大量的有机溶剂，致使产品中挥发性有机化合物含量高，在生产与使用过程中易造成环境污染，危害人体健康。自 20 世纪 70 年代开始出现并得到迅速发展的水性聚氨酯是以水代替有机溶剂作为分散介质，具有毒性小、不易燃、低污染等优点。随着很多国家在限制挥发性有机化合物使用方面相关法令的颁布，从溶剂型聚氨酯到水性聚氨酯的转变已成必然。

由于聚氨酯一般是疏水性的，要想其在水中较好地分散，一般有外乳化法和自乳化法两种方法。外乳化法是指外加乳化剂使其在水中乳化，此法虽然简单，但制备的乳液稳定性差，应用较少。自乳化法又可称为内乳化法，是指在聚氨酯分子结构中引入亲水性基团，在强剪切力作用下分散于水中形成乳液。根据亲水基团的类型可分为阴离子型、阳离子型、两性型和非离子型四种。其中以阴离子型占主导地位，即在聚氨酯制备中使用二羟甲基丙酸、乙二胺基乙磺酸钠等亲水性单体或扩链剂，在聚氨酯分子链上引入可自乳化的羧基或磺酸基阴离子。从合成工艺上讲，目前水性聚氨酯工业生产中应用较多的是丙酮法。丙酮法主要得名于以丙酮作为降黏剂，一般先制得高黏度的聚氨酯预聚体，再加入丙酮溶解降黏，然后在强力剪切作用下使其在水中分散乳化，最后减压蒸馏回收丙酮得到水性聚氨酯乳液。

本实验以异佛尔酮二异氰酸酯和端羟基聚丙二醇为主要原料，含羧基的二元醇二羟甲基丙酸作亲水性单体，并以三乙胺为中和剂、乙二胺为扩链剂，采用丙酮法合成水性聚氨酯乳液。

一、主要药品与仪器

异佛尔酮二异氰酸酯（IPDI）*	8.15g（36.7mmol）
端羟基聚丙二醇（PPG，M_n=2000）	27.00g（13.5mmol）
二羟甲基丙酸（DMPA）	1.47g（11.0mmol）
三乙胺	1.11g
丙酮	20mL
乙二胺	0.493g
去离子水	89mL

高纯氮

250mL 三颈瓶	1 个
搅拌器	1 套
温度计	1 支
恒温浴	1 套
注射器	
氮气钢瓶、真空系统等	

* IPDI 与水的反应活性较高，因此取样时应注意避免露空，建议用注射器取样和进样（其相对密度约 1.06）。

二、实验步骤

1. 预聚体的合成

在一带搅拌器、通氮管、尾气导管（接真空系统）的三颈瓶中，加入 27.00g PPG，加热升温至约 120℃，搅拌下真空除水约 1h。停真空后立即通氮，并降温至 80℃，打开尾气导管加入 1.47g DMPA、8.15g（或 7.69mL）IPDI。重新套上尾气导管，控制反应温度 80℃，在氮气保护下搅拌反应 4h，得到聚氨酯预聚体。

2. 降黏、中和、扩链

在预聚体合成反应停止后，保持通氮与搅拌，待体系温度冷却至约 50℃时，停止通氮，加入 20mL 丙酮，搅拌，待聚氨酯预聚体溶解、反应体系黏度降低后，加入 1.11g 三乙胺，中和 20min。剧烈搅拌下加入 74mL 去离子水，充分分散后，缓慢滴加乙二胺水溶液（0.493g 乙二胺溶于 15mL 去离子水）进行扩链，滴完后继续搅拌 0.5h。

3. 除丙酮

将反应瓶接上冷凝管，搅拌下于 50℃减压（可用水泵）蒸馏回收丙酮，即可制得泛蓝光半透明的聚氨酯乳液。

三、思考题

预聚体的端基是什么？配方中的二羟甲基丙酸起什么作用，其用量对聚氨酯乳液的性能会有哪些影响？

[实验十]　不饱和聚酯预聚体的合成及其交联固化[14~16]

不饱和聚酯是由不饱和的二元酸和饱和的二元醇，或者由饱和的二元酸和不饱和的二元醇通过聚酯化反应合成的线型预聚体。不饱和聚酯预聚体中所含的双键可与乙烯基单体如苯乙烯、（甲基）丙烯酸酯等发生自由基共聚反应而形成交联高分子。

合成不饱和聚酯常用的不饱和酸为顺丁烯二酸酐（马来酸酐），常用的二元醇包括乙二醇、丙二醇和一缩乙二醇等，此外在体系中还常会加入一些饱和的二元酸来调节聚酯分子中双键的含量，如壬二酸、己二酸和邻苯二甲酸酐等。

不饱和聚酯预聚体通常用熔融聚合法制备，在聚合反应完成后，再加入活性稀释剂（如苯乙烯、丙烯酸酯类等）溶解配制成成品不饱和聚酯。为了提高其稳定性，一般需加入阻聚剂。代表性的阻聚剂有对苯二酚、对苯二醌、叔丁基邻苯二酚等，通常添加 100～

$2000\mu g/g$。

不饱和聚酯的固化通过加入自由基引发剂引发双键聚合来实现。固化反应的温度取决于所用的引发剂，可分为常温、中温和高温三类[17]。低温至常温下（<30℃）的固化反应一般选用氧化还原体系，最常用的氧化还原体系有酮过氧化物和钴、锰等的环烷酸盐或辛酸盐（如甲乙酮过氧化物＋环烷酸钴），二酰基过氧化物和叔胺（如过氧化苯甲酰BPO＋N,N-二甲基苯胺），氢过氧化物（如叔丁基过氧化氢）和钒盐等；中温下（50～100℃）的固化反应一般可单独使用有机过氧化物或氧化还原体系，如酮过氧化物、氢过氧化物、二酰基过氧化物、过氧酯、过氧化缩酮等；高温下（100～120℃）的固化反应一般采用在常温下稳定、不易分解的过氧化物，包括过氧化缩酮、过氧酯和二烷基过氧化物。

不饱和聚酯具有重要的应用，如用作玻璃纤维增强塑料（即玻璃钢）用于制造大型构件，如汽车车身、小船艇、容器、工艺塑像等；与无机粉末复合，用于制造卫浴用品、装饰板、人造大理石等。

一、主要药品与仪器

1,2-丙二醇	40g
顺丁烯二酸酐	24.5g
邻苯二甲酸酐	37g
对苯二酚*	0.037g＋0.015g
苯乙烯	50g
过氧化苯甲酰	0.1g
二甲基苯胺	0.025mL
250mL 四颈瓶	1个
搅拌器	1套
温度计	2支
回流冷凝管	1支
分水器	1个
磨口三通	1个
恒温浴	1套

* 加入对苯二酚是为了防止在预聚体合成与贮存时，双键发生自由基聚合。

二、实验步骤

1. 预聚体的合成

在如图 2-6 所示的反应装置中加入 40g 丙二醇、24.5g 马来酸酐、37g 邻苯二甲酸酐和 0.037g 对苯二酚。加料完毕后，通过调节三通活塞交替抽真空、充氮气以排除聚合体系中的空气，然后让三通接液封（观察氮气流速），在缓慢通氮下[注1]逐步加热升温到 80～90℃，此时反应混合物开始熔化，开动搅拌，继续升温至 130℃后，减慢升温速度[注2]，在约 1h 内逐步升温至 160℃。当反应瓶壁出现水珠时，表明酯化反应已经开始，保持在160℃反应 1.5h，升温至 190～200℃，适当加快通氮气速度，继续反应约 4h 停止加热[注3]。

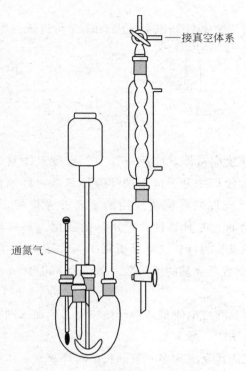

图 2-6　不饱和聚酯合成反应装置示意图

2. 不饱和聚酯苯乙烯溶液的配制

在预聚体合成反应停止后，保持通氮与搅拌，待体系温度冷却至约 90℃时，加入溶有 0.015g 对苯二酚的 50g 苯乙烯，搅拌均匀后立即冷却至室温。

3. 交联固化

在一干燥的 100mL 烧杯中称取 10g 上述的不饱和聚酯溶液，在搅拌下先加入 0.2g BPO，搅拌均匀后，再加入 0.025mL 新蒸的 N,N-二甲基苯胺搅拌均匀，约 30～40min 后，反应混合物开始发热，表明交联聚合反应开始，约 1h 后聚合物固化。

注 1. 反应早期通氮速度不可太快，否则会带出丙二醇。

注 2. 反应初期，由于反应放热，反应温度会自动上升，因此需减缓加热速度以免引起冲料。

注 3. 反应终点可通过测定树脂的酸值而定，当酸值降至 50 左右时即可停止聚合反应。

三、思考题

合成不饱和聚酯的三种主要原料丙二醇（或乙二醇）、马来酸酐和邻苯二甲酸酐各自的作用是什么？应如何调节三者的组分比？

［实验十一］　双酚 A 型环氧树脂的合成及其固化

环氧树脂预聚体为主链上含醚键和仲羟基、端基为环氧基的预聚体。其中的醚键和仲羟基为极性基团，可与多种表面之间形成较强的相互作用，而环氧基则可与介质表面的活性基团，特别是无机材料与金属材料表面的活性基团起反应形成化学键，产生强力黏结，因此环氧树脂具有独特的黏附力，配制的黏合剂对多种材料具有良好的粘接性能，常称"万能胶"。

目前使用的环氧树脂预聚体 90% 以上是由双酚 A 与过量的环氧氯丙烷缩聚而成：

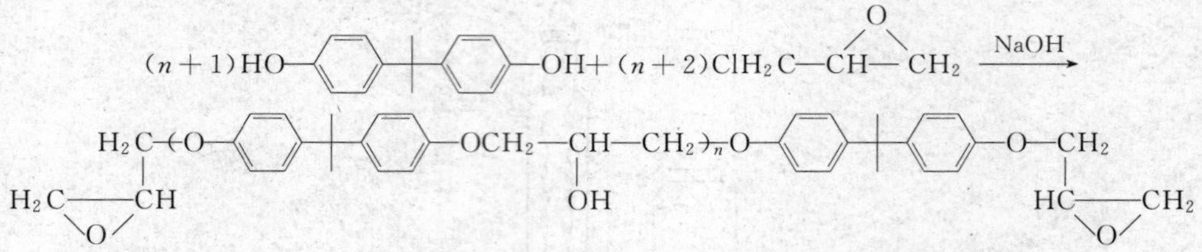

$$(n+1)HO-\langle\rangle-C-\langle\rangle-OH + (n+2)ClH_2C-CH-CH_2 \xrightarrow{NaOH}$$

$$H_2C-CH-\langle\rangle-C-\langle\rangle-OCH_2-CH-CH_2\rangle_n-O-\langle\rangle-C-\langle\rangle-O-CH_2 \atop OH \quad HC-CH_2$$

改变原料配比、聚合反应条件（如反应介质、温度及加料顺序等），可获得不同分子量与软化点的产物。为使产物分子链两端都带环氧基，必须使用过量的环氧氯丙烷。树脂中环氧基的含量是反应控制和树脂应用的重要参考指标，根据环氧基的含量可计算产物分子量，环氧基含量也是计算固化剂用量的依据。环氧基含量可用环氧值或环氧基的百分含量来描述。环氧基的百分含量是指每 100g 树脂中所含环氧基的质量。而环氧值是指每 100g 环氧树脂所含环氧基的摩尔数，单位为 mol/100g。环氧值采用滴定的方法来测定。

环氧树脂未固化时为热塑性的线型结构，使用时必须加入固化剂。环氧树脂的固化剂种类很多，有多元的胺、羧酸、酸酐等。

使用多元胺固化时，固化反应为多元胺的胺基与环氧预聚体的环氧端基之间的加成反应。该反应无需加热，可在室温下进行，叫冷固化。反应式如下：

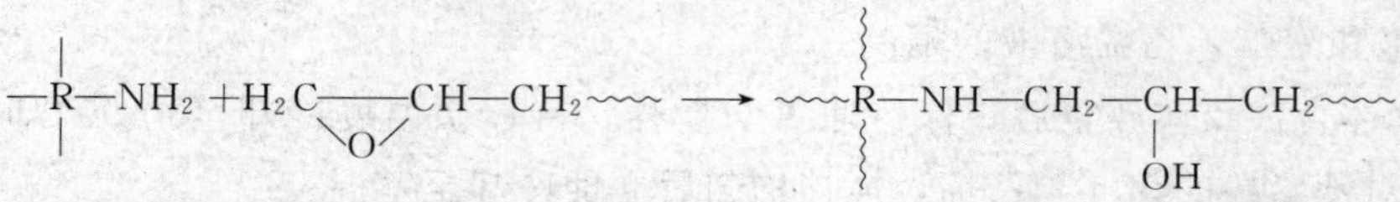

$$-R-NH_2 + H_2C-CH-CH_2 \longrightarrow R-NH-CH_2-CH-CH_2 \atop O \qquad\qquad OH$$

用多元羧酸或酸酐固化时，交联固化反应是羧基与预聚体上仲羟基及环氧基之间的反应，需在加热条件下进行，称热固化。如用酸酐作固化剂时，反应式可示意如下：

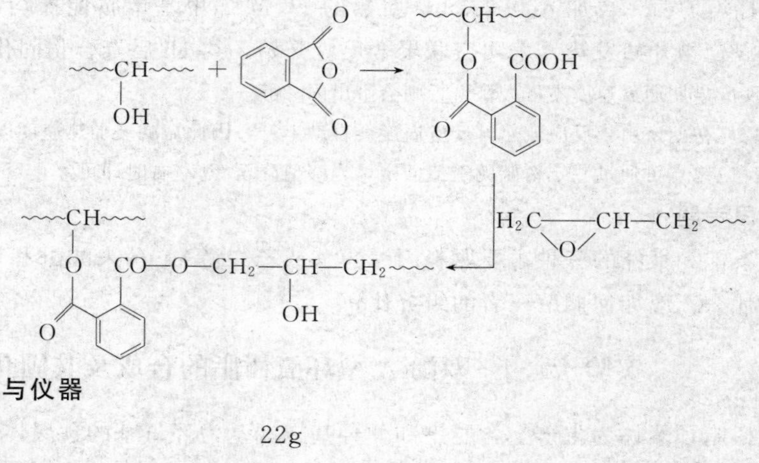

一、主要药品与仪器

双酚 A	22g
环氧氯丙烷	28g
NaOH 水溶液	8g NaOH 溶于 20mL 水

苯	60mL
蒸馏水	若干 mL
盐酸-丙酮溶液* a	
NaOH 乙醇溶液* b	
乙二胺	0.3g
250mL 四颈瓶	1个
搅拌器	1套
温度计	2支
回流冷凝管	1支
滴液漏斗（60mL）	1个
恒温浴	1套
250mL 分液漏斗	1个
125mL 碘瓶	2只
25mL 移液管	2支
滴定管	1支
表面皿	1个

* a. 盐酸-丙酮溶液：将 2mL 浓盐酸溶于 80mL 丙酮中，混合均匀，现配现用。b. NaOH 乙醇溶液：将 4g NaOH 溶于 100mL 乙醇中，以酚酞作指示剂，用标准邻苯二甲酸氢钾溶液标定。现配现用。

二、实验步骤[14]

1. 树脂制备

在如图 2-7 所示的反应装置中分别加入 22g 双酚 A、28g 环氧氯丙烷，开动搅拌，加热升温至 75℃，待双酚 A 全部溶解后，将 NaOH 水溶液自滴液漏斗中慢慢滴加到反应瓶中，注意保持反应温度在 70℃左右，约 0.5h 滴完。在 75～80℃继续反应 1.5～2h，可观

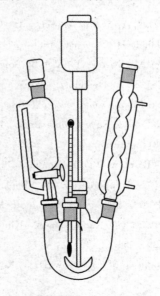

图 2-7　环氧树脂合成反应装置示意图

察到反应混合物呈乳黄色。停止加热，冷却至室温，向反应瓶中加入 30mL 蒸馏水和 60mL 苯，充分搅拌后，倒入 250mL 的分液漏斗中，静置，分去水层，油层用蒸馏水洗涤数次，直至水层为中性且无氯离子（用 AgNO$_3$ 溶液检测）。油相用旋转蒸发仪除去绝大部分的苯、水、未反应环氧氯丙烷，再真空干燥得环氧树脂。

2. 环氧值的测定

取 125mL 碘瓶两只，各准确称取环氧树脂约 1g（精确到 mg），用移液管分别加入 25mL 盐酸-丙酮溶液，加盖摇动使树脂完全溶解。在阴凉处放置约 1h，加酚酞指示剂 3 滴，用 NaOH 乙醇溶液滴定，同时按上述条件作空白对比两个。

环氧值 E 按下式计算：

$$E=\frac{(V_1-V_2)N}{1000W}\times100=\frac{(V_1-V_2)N}{10W}$$

式中，V_1 为空白滴定所消耗 NaOH 溶液体积，mL；V_2 为样品消耗的 NaOH 溶液体积，mL；N 为 NaOH 溶液的浓度，mol·L^{-1}；W 为树脂质量，g。

3. 树脂固化

试验树脂以乙二胺为固化剂的固化情况。在一干净的表面皿中称取环氧树脂 4g，加入乙二胺 0.3g，用玻棒调和均匀，室温放置，观察树脂固化情况，记录固化时间。

三、思考题

根据所测环氧值计算所得聚合产物的分子量。

参考文献

[1] 梁晖，卢江. 高分子科学基础. 北京：化学工业出版社，2006.

[2] 许长清主编. 合成树脂及塑料手册. 北京：化学工业出版社，1991.

[3] Rajan C R，Nadkarni V M，Ponrathnam S. *J. Polym. Sci. Part A：Polym. Chem.*，1988，**26**：2581.

[4] Yang S，Zhang J，Bo Q，Fang D. *J. Appl. Polym. Sci.*，1993，**50**：1883.

[5] Zimmerman D A，Koenig J L，Ishida H. *Polymer*，1996，**37**：3111.

[6] Braun D，Cherdron H，Rehahn M，Ritter H，Voit B. Polymer Synthesis：Theory and Practice (Fourth Edition)，Springer-Verlag Berlin Heidelberg，2005.

[7] Sasaki T，Hayashibara K，Suzuki M. *Macromolecules*，2003，**36**：279.

[8] (a) Matsumoto A，Odani T. *Macromol. Rapid Commun.*，2001，**22**：1195；(b) Kond S，Kuzuya M. *Curr. Trends Polym. Sci.* 1998，**3**：1.

[9] (a) Gross S M，Roberts G W，Kiserow D J，DeSimone J M. *Macromolecules*. 2001，**34**：916；(b) Buzin M I，Gerasimov M V，Obolonkova E S，Papkov V S. *J. Polym. Sci.*，*Part A：Polym. Chem.*，1997，35：1973；(c) Shinno K，Miyamoto M，Kimura Y，Hirai Y，Yoshitome H. *Macromolecules*，1997，**30**：6438；(d) Kameyama A，Kimura K，Nishikubo T. *J. Polym. Sci.*，*Part A：Polym. Chem.*，2001，**39**：951.

[10] Shi C M，Gross S M，DeSimone J M，Kiserow D J，Roberts G W. *Macromolecules.*，2001，**34**：2060.

[11] Iyer V S，Sehra J C，Ravindranath K，Sivaram S. *Macromolecules*，1993，**25**：186

[12] Gross S M，Roberts G W，Kiserow D J，DeSimone JM. *Macromolecules*，2000，**33**：40.

[13] Gross S M，Roberts G W，Kiserow D J，DeSimone J M. *Macromolecules*，2001，**34**：3916

[14] D. 布劳恩，H. 切尔德龙，W. 克恩著. 聚合物合成和表征技术. 黄葆同等译校. 北京：科学出版社，1981.

[15] 复旦大学化学系高分子教研室编. 高分子实验技术. 上海：复旦大学出版社，1983.

[16] 吴承佩，周彩华，栗方星. 高分子化学实验. 合肥：安徽科学技术出版社，1989.

[17] 山下晋三，金子东助编. 交联剂手册. 纪奎江，刘世平等译. 北京：化学工业出版社，1990.

第3章

 自由基聚合反应[1]

自由基聚合反应的实施方法主要有本体聚合、溶液聚合、沉淀与分散聚合、悬浮聚合和乳液聚合。每种实施方法的体系组成、反应控制因素、反应设备及工艺等各不相同，各有优缺点，各有用途。

3.1　本体聚合

本体聚合是指单体本身在不加溶剂及其他分散介质的条件下由微量引发剂或光、热、辐射能等引发进行的聚合反应。由于聚合体系中的其他添加物少（除引发剂外，有时会加入少量必要的链转移剂、颜料、增塑剂、防老剂等），因而所得聚合产物纯度高，特别适合于制备一些对透明性和电性能要求高的产品。

本体聚合根据聚合产物是否溶于单体可分为两类：①聚合物溶于单体的均相聚合，如苯乙烯、甲基丙烯酸甲酯、乙酸乙烯酯等的聚合；②聚合物不溶于单体的非均相聚合，如乙烯、氯乙烯等的聚合。

本体聚合的体系组成和反应设备是几种自由基聚合反应实施方法中最简单的，但聚合反应却最难控制。这是由于本体聚合不加分散介质，聚合反应到一定阶段后，体系黏度大，易产生自动加速现象，聚合反应热也难以导出，因而反应温度难控制，易局部过热，导致反应不均匀，使产物分子量分布变宽。这在一定程度上限制了本体聚合在工业上的应用。为克服以上缺点，常采用分阶段聚合法，即工业上常称的预聚合和后聚合。分阶段聚合既可以是连续性式，也可以是间歇式。采用连续生产工艺可缩短生产周期，如分段连续聚合塔、连续塞流式管道反应器等。例如苯乙烯的连续本体聚合工艺之一便是先在大搅拌釜中在 $80\sim82\,℃$ 的较低温度下反应到转化率达 30% 左右后，再把反应物以一定流速输入到分段连续聚合塔，分段逐步提高聚合反应温度，使转化率达 90% 以上。

除产物纯度高外，本体聚合的另一大优点是可进行浇铸聚合，即将预聚合产物浇入模具中进行后聚合，反应完成后即可获得成型的成品。通常聚合物比相应单体的密度大，因而在聚合反应过程会发生体积收缩，因此在进行浇铸聚合时应注意控制预聚合的单体转化率，而且在后聚合过程中若温度控制不当，易导致收缩不均匀，使聚合物的光折射率不均匀以及产生局部皱纹，影响产品质量。

目前用本体聚合法合成的最常见的聚合物有聚苯乙烯、聚甲基丙烯酸甲酯、聚氯乙烯和低密度（高压）聚乙烯。

[实验十二] 甲基丙烯酸甲酯的本体聚合

一、主要药品与仪器

甲基丙烯酸甲酯（MMA）	20mL
过氧化苯甲酰（BPO）*	0.019g（单体质量的 0.1%）
50mL 锥形瓶	1 个
恒温水浴	1 套
试管夹	1 个
试管	2 支

* 若所用单体未经提纯处理应适当增加引发剂用量，如将 BPO 用量增至 0.04g。

二、实验步骤

1. 预聚合：在 50mL 锥形瓶中加入 20mL MMA 及 0.019g BPO，瓶口用胶塞盖上[注1]（或直接用铝箔封口），用试管夹夹住瓶颈在 85～90℃ 的水浴中不断摇动，进行预聚合约 0.5h，注意观察体系的黏度变化，当体系黏度变大，但仍能顺利流动时（黏度近似室温下的甘油），结束预聚合。

2. 浇铸灌模：将以上制备的预聚液小心地分别灌入预先干燥的两支试管中[注2]，浇灌时应将试管倾斜，预聚液沿试管壁注入以利于管中气体排出，同时注意防止锥形瓶外的水珠滴入。

3. 后聚合：将灌好预聚液的试管口塞上棉花团，放入 45～50℃ 的水浴中反应约 20h，注意控制温度不能太高，否则易使产物内部产生气泡。然后再升温至 100～105℃ 反应 2～3h，使单体转化完全完成聚合；

4. 取出所得有机玻璃棒，观察其透明性，是否有气泡。

注 1. 胶塞必须用聚四氟乙烯膜或铝箔包裹，以防止在聚合反应过程中 MMA 蒸气将胶塞中的添加物如防老剂等溶出，影响聚合反应；塞子只需轻轻盖上，不要塞紧，以防因温度升高时，塞子爆冲；

注 2. 浇灌时，可预先在试管中放入干花等装饰物，这样在聚合完后可把产品做成小饰物，但加入的装饰物一定要干燥以防产生气泡。

三、思考题

进行本体浇铸聚合时，如果预聚阶段单体转化率偏低会产生什么后果？为什么要严格控制不同阶段的反应温度？

[实验十三] 苯乙烯与丙烯腈共聚合反应竞聚率的测定[2]

竞聚率 r_1 和 r_2 为同系链增长反应速率常数与交叉链增长反应速率常数之比，是反映某一单体对共聚合行为的重要参数。竞聚率不仅与共聚物的组成及其分布密切相关，而且可根据它的数值大小估计某一单体对的共聚倾向。常见单体对的竞聚率均已被测定，可在有关手册或文献上查到。对于新单体对的竞聚率，可采用本实验方法测定。

本实验介绍一种简易的竞聚率测定方法，即截距斜率法（Fineman-Ross 法）[3]。

共聚物组成微分方程为：

$$\frac{d[M_1]}{d[M_2]} = \frac{[M_1]}{[M_2]} \times \frac{r_1[M_1] + [M_2]}{r_2[M_2] + [M_1]}$$

其中，$d[M_1]/d[M_2]$ 为共聚物的瞬时组成比，即共聚物中两种单体单元的摩尔比；$[M_1]$、$[M_2]$ 为共聚体系中两单体的瞬时浓度。当低转化率（$<10\%$）时，$[M_1]$、$[M_2]$ 可近似地被认为是两种单体的起始浓度，此时分离出的共聚物的组成比就是 $d[M_1]/d[M_2]$。令

$$\rho = \frac{d[M_1]}{d[M_2]}; \quad R = \frac{[M_1]_0}{[M_2]_0}$$

则上述共聚方程可变成：

$$R - \frac{R}{\rho} = \frac{R^2}{\rho}r_1 - r_2$$

测定数组 R、ρ 值，以（$R - R/\rho$）作纵坐标，R^2/ρ 作横坐标作图，可得一直线，其斜率为 r_1，而截距为 $-r_2$，如下图所示：

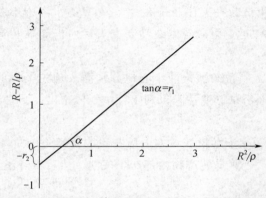

实验时，选取若干不同单体配比进行共聚合反应，控制单体转化率 $<10\%$，然后将共聚物分离、精制，测定组成，作出 $R - R/\rho \sim R^2/\rho$ 图，便可求得 r_1、r_2 值。聚合物的组成可由元素分析、红外、紫外和核磁共振等测试手段分析而得。

一、主要药品与仪器

苯乙烯	18mL
丙烯腈	6mL
N,N-二甲基甲酰胺（DMF）	120mL
过氧化二苯甲酰（BPO）	48.4mg
甲醇	1800mL
磨口试管（25mL）	4 支
圆底烧瓶（50mL）	2 只
三通活塞	6 只
恒温浴	1 套
注射器	若干

二、实验步骤

1. 用注射器往两个带有三通活塞的圆底烧瓶中，分别加入 18mL 苯乙烯，6mL 丙烯

腈，通过长针头通 N_2 鼓泡约 10min，以除去单体中的 O_2，关闭三通活塞，备用。

2. 分别在四支干燥的磨口反应试管（如图 3-1）中加入 12.1mg 过氧化苯甲酰，盖上三通活塞。抽真空、通 N_2，重复 2 次。再在 N_2 保护下，用注射器分别加入给定量（见表 3-1）的已通 N_2 除 O_2 的苯乙烯和丙烯腈，用绳子将三通塞与反应试管固定（防止聚合时三通塞脱落）。

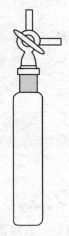

图 3-1　带三通活塞反应管

表 3-1　苯乙烯/丙烯腈共聚合单体投料组成

样品号	BPO/mg	苯乙烯		丙烯腈	
		mL	mmol	mL	mmol
1	24.2	10.1	88	0.8	12
2	24.2	8.9	77	1.5	23
3	24.2	7.1	62	2.5	38
4	24.2	3.8	37	4.1	63

3. 将以上四支反应管置于 60℃ 恒温浴中，反应约 45～60min 后，取出聚合反应管冷却至室温，加入 10mL DMF 溶解稀释，再将其倒入盛有 150mL 甲醇的烧杯中将聚合物沉淀。过滤后，沉淀用 DMF 溶解，再用甲醇沉淀，如此溶解、沉淀反复两次，以达到对聚合物精制的目的。精制后的聚合物在 60℃ 下真空干燥、称重，计算转化率（转化率不应超过 10%，若超过需重新设定聚合时间）。

4. 共聚物组成 $d[M_1]/d[M_2]$ 测定：共聚物组成可通过元素分析或 ^{1}HNMR 法测定，数据处理见附注。

5. 数据处理

样品号	$R=\dfrac{[M_1]_0}{[M_2]_0}$	$\rho=\dfrac{d[M_1]}{d[M_2]}$	$R-\dfrac{R}{\rho}$	$\dfrac{R^2}{\rho}$
1				
2				
3				
4				

注：M_1 为苯乙烯；M_2 为丙烯腈。

以 $(R-R/\rho)$ 作纵坐标，R^2/ρ 作横坐标作图，求出斜率、截距之值，即 r_1、r_2 值，并与手册上所查到的数值比较。

三、思考题

用测定出的竞聚率 r_1 和 r_2，作出苯乙烯、丙烯腈共聚合反应的共聚物组成曲线，据此讨论该共聚合反应的类型，并讨论该如何控制该共聚产物的组成分布。

[附1] 元素分析法测定共聚物组成

通过元素分析测得共聚物中氮的质量百分含量为 $N\%$，则共聚物中丙烯腈单体单元的质量百分含量为 $(N\%/14)\times53$，那么苯乙烯单体单元的质量百分含量为 $1-(N\%/14)\times53$，这样共聚物组成比为：

$$\frac{d[M_1]}{d[M_2]}=\frac{N\%\times53/14\times53}{(1-N\%\times53)/104}$$

式中，53、14、104 分别为丙烯腈单体单元的相对分子质量、氮的原子量和苯乙烯单体单元的相对分子质量。

[附2] ^1H NMR 法测量共聚物组成

用 $CDCl_3$ 作溶剂，测定不同投料比下所得苯乙烯/丙烯腈共聚物的 ^1H NMR 谱图，由 δ 约 7.0ppm 处苯乙烯单体单元上苯核氢的吸收峰面积 S_1 和 δ 约 3.2ppm 处丙烯腈单体单元上与腈基相连的叔甲基氢的吸收峰面积 S_2，可计算出共聚物组成：$d[M_1]/d[M_2]=S_1/5S_2$。

3.2 溶液聚合

溶液聚合是将单体和引发剂溶于适当的溶剂中，在溶液状态下进行的聚合反应。根据聚合产物是否溶于溶剂可分为均相溶液聚合和沉淀溶液聚合。

与本体聚合相比，溶液聚合体系黏度小，传质和传热容易，聚合反应温度容易控制，不易发生自加速现象，而且由于高分子浓度低，不易发生向高分子的链转移反应，因而支化产物少，产物分子量分布较窄；缺点是单体被稀释，聚合反应速率慢，产物分子量较低，而且如果产物不能直接以溶液形式应用的话，还需增加溶剂分离与回收后处理工序，加之溶液聚合的设备庞大，利用率低，成本较高。

进行溶液聚合反应时，溶剂选择是关键，应考虑以下问题：①对单体及引发剂的溶解性好；②链转移常数不大，否则向溶剂的链转移反应会严重地限制聚合产物的分子量；③合适的沸点以满足聚合反应条件，通常在溶剂回流条件下进行聚合反应，以最大限度地移除聚合反应热；④易从聚合产物中除去；⑤毒性小。

溶液聚合最大的问题一是有机溶剂对环境的污染问题，二是常常难以将溶剂从最终的聚合物产品中彻底地除去，影响产物的使用性能。因而使用超临界溶剂作为聚合反应溶剂引起人们的极大兴趣，如使用超临界二氧化碳，具有无毒、便宜、易从聚合物中除去、易循环使用等优点。

在均相溶液聚合中，由于生成的聚合物处于良溶剂中，聚合物链较伸展，链增长活性末端被包裹的程度小，同时链段扩散较易，易发生双基终止，若单体浓度不高，基本可消除自加速作用，因而溶液聚合是实验室研究聚合机理及聚合反应动力学等的常用方法之一。

溶液聚合在工业上常用于合成可直接以溶液形式应用的聚合物产品，如胶黏剂、涂料、油墨等，而较少用于合成颗粒状或粉状产物。

［实验十四］ 乙酸乙烯酯的溶液聚合

聚乙酸乙烯酯（PVAc）是涂料、胶黏剂的重要品种之一，同时也是合成聚乙烯醇的聚合物前体。聚乙酸乙烯酯可由本体聚合、溶液聚合和乳液聚合等多种方法制备。通常涂料或胶黏剂用聚乙酸乙烯酯由乳液聚合合成，用于醇解合成聚乙烯醇的聚乙酸乙烯酯则由溶液聚合合成。能溶解乙酸乙烯酯的溶剂很多，如甲醇、苯、甲苯、丙酮、三氯乙烷、乙酸乙酯、乙醇等，由于溶液聚合合成的聚乙酸乙烯酯通常用来醇解合成聚乙烯醇，因此工业上通常采用甲醇作溶剂，这样制备的聚乙酸乙烯酯溶液不需进行分离就可直接用于醇解反应。

一、主要药品与仪器

乙酸乙烯酯（新蒸）	50mL
甲醇	30mL
偶氮二异丁腈（AIBN）	0.21g
250mL 三颈瓶	1 个
冷凝管	1 支
搅拌器	1 套
10mL、20mL、100mL 量筒	各 1 支
抽滤装置	1 套
温度计	1 支
恒温水浴	1 套

二、实验步骤

在装有搅拌器、冷凝管、温度计的 250mL 三颈瓶中分别加入 50mL 乙酸乙烯酯、10mL 溶有 0.21g AIBN 的甲醇，开动搅拌，加热升温，将反应物逐步升温至 62℃±2℃，反应约 3h 后[注]，升温至 65℃±1℃，继续反应 0.5h 后，冷却结束聚合反应。称取 2～3g 产物在烘箱中烘干，计算固含量与单体转化率。

注：反应过程中当体系黏度太大，搅拌困难时，可分次补加甲醇，每次约 5～10mL。

三、思考题

溶液聚合反应的溶剂应如何选择？本实验采用甲醇作溶剂是基于何种考虑？

［实验十五］ 苯乙烯与马来酸酐的交替共聚合（沉淀溶液聚合）

带强推电子取代基的乙烯基单体与带强吸电子取代基的乙烯基单体组成的单体对进行共聚合反应时容易得到交替共聚物。关于其聚合反应机理目前有两种理论[4]：

"过渡态极性效应理论"认为在反应过程中，链自由基和单体加成后形成因共振作用而稳定的过渡态。以苯乙烯/马来酸酐共聚合为例，因极性效应，苯乙烯自由基更易与马来酸酐单体形成稳定的共振过渡态，因而优先与马来酸酐进行交叉链增长反应；反之马来酸酐自由基则优先与苯乙烯单体加成，结果得到交替共聚物。

$$\sim\sim\text{HC—CH} + \underset{\text{H}_2\text{C}=\text{CH}}{\overset{\text{Ph}}{|}} \longrightarrow \sim\sim\text{HC}^{\delta-}\cdot\cdots\text{CH}=\text{CH}\overset{\text{Ph}}{|}_{\delta+}\cdot \longrightarrow \sim\sim\text{HC—CH—CH}_2\overset{\text{Ph}}{|}\text{CH}\cdot$$

共振过渡态

"电子转移复合物均聚理论"则认为两种不同极性的单体先形成电子转移复合物，该复合物再进行均聚反应得到交替共聚物，这种聚合方式不再是典型的自由基聚合。

$$\sim\sim(\text{DA})_n\overset{+}{\text{D}}\cdots\overline{\text{A}} + \overset{+}{\text{D}}\cdots\overset{-}{\text{A}} \longrightarrow \sim\sim(\text{DA})_{n+1}\overset{+}{\text{D}}\cdots\overline{\text{A}}$$

D 为带给电子取代基单体，A 为带吸电子取代基单体

当这样的单体对在自由基引发下进行共聚合反应时[4]：①当单体的组成比为 1：1 时，聚合反应速率最大；②不管单体组成比如何，总是得到交替共聚物；③加入 Lewis 酸可增强单体的吸电子性，从而提高聚合反应速率；④链转移剂的加入对聚合产物分子量的影响甚微。

一、主要药品与仪器

甲苯	75mL
苯乙烯	2.9mL
马来酸酐	2.5g
AIBN	0.005g*
三颈瓶（250mL）	1 个
回流冷凝管	1 支
电动搅拌器	1 套
恒温浴	1 套
抽滤装置	1 套

* 若苯乙烯未经提纯处理，AIBN 用量可适当增加，如 0.01g。

二、实验步骤

在装有冷凝管、温度计与搅拌器的三颈瓶中［如图 1-1（a）］分别加入 75mL 甲苯、2.9mL 新蒸苯乙烯、2.5g 马来酸酐及 0.005g AIBN，将反应混合物在室温下搅拌至反应物全部溶解成透明溶液，保持搅拌，将反应混合物加热升温至 85～90℃，可观察到有苯乙烯-马来酸酐共聚物沉淀生成，反应 1h 后停止加热，反应混合物冷却至室温后抽滤，所得白色粉末在 60℃ 下真空干燥后，称重，计算产率。比较聚苯乙烯与苯乙烯-马来酸酐共聚物的红外光谱。

三、思考题

试推断以下单体对进行自由基共聚合时，何者容易得到交替共聚物？为什么？

（a）丙烯酰胺/丙烯腈；（b）乙烯/丙烯酸甲酯；（c）三氟氯乙烯/乙基乙烯基醚

3.3 沉淀与分散聚合

沉淀聚合与分散聚合是指起始聚合体系为均相体系，聚合体系中所有的起始成分是相容的，当聚合物增长链的聚合度超过某一临界值后，增长链在溶剂中的溶解性变差，或者由于聚合物发生交联作用而使溶解性变差，导致增长链从溶剂中产生相分离，发生凝聚形成微凝胶，这些微凝胶再发生去溶剂化作用，并持续地从聚合反应溶液中捕捉增长链，最终可形成直径为微米级的微球[5]。如果聚合体系中加入聚合物的良溶剂作为助溶剂，在聚合反应完成后，将这些良溶剂从聚合物微球中除去便可获得多孔微球[6]。沉淀聚合与分散聚合的区别是沉淀聚合不加任何分散稳定剂，而分散聚合则添加有分散稳定剂。

在沉淀与分散聚合体系中，由于聚合物处于不良溶剂中，聚合增长链易蜷曲，使链增长活性末端易被包裹，导致双基终止困难，因而常在聚合反应初期便会发生自动加速现象，当聚合物沉淀后，大分子自由基被包裹在聚合物沉淀中，难以双基终止，而单体小分子却仍能扩散与大分子自由基发生接触，进行链增长反应，使分子量增大，因而沉淀与分散聚合始终能保持较高的聚合反应速率，获得高分子量的聚合产物。

沉淀与分散聚合的产物为固体颗粒，因而产物易分离处理，不需要造粒工序。但沉淀聚合过程中所生成的凝胶通常不稳定，所得聚合物颗粒的粒子尺寸分布通常较宽。为得到单分散的聚合物粒子，必须保证沉淀聚合过程中所生成凝胶的稳定性，因而通常要求聚合反应的单体浓度要低，通常＜5%（W/V）。而分散聚合由于加入了稳定剂，因而可在较高的单体/溶剂比条件下获得单分散的聚合物粒子。

［实验十六］ 沉淀聚合合成单分散 MMA/DVB 共聚物交联微球

单分散的聚合物微球可由乳液聚合、种子悬浮聚合以及分散聚合法来获得。但这些技术都必须使用合适的离子稳定剂或屏蔽稳定剂，这些稳定剂在聚合反应完成后，若不能完全除去将对聚合物的性能产生不良影响。利用沉淀聚合则可在不使用任何稳定剂的条件下获得单分散的聚合物微球，特别是交联聚合物微球。其关键是其聚合体系的组成接近 θ 溶液，使交联粒子的表层发生溶胀，从而提供有效的屏蔽稳定作用，防止发生凝聚[6,7]。利用沉淀聚合还可获得单分散的核-壳聚合物粒子[7]。

本实验利用沉淀聚合法合成单分散的二乙烯基苯（DVB）和甲基丙烯酸甲酯（MMA）共聚物交联微球[8]。

一、主要药品与仪器*

DVB-80（含 DVB70%～85%）	3.2mL
MMA	0.8mL
AIBN	0.08g
乙腈	200mL
250mL 三颈瓶	1个
冷凝管	1支
磨口三通活塞	1个

搅拌器	1套
温度计	1支
恒温浴	1套
注射器	若干支

*二乙烯基苯、甲基丙烯酸甲酯在聚合前需先除去阻聚剂，在氮气保护下新蒸使用；乙腈在使用前用氮气鼓泡除氧至少30min。

二、实验步骤

1. 如图 1-3(b) 装好反应装置，并除氧充氮。然后在氮气保护下用注射器由三通活塞向三颈瓶中分别加入 3.2mL DVB、0.8mL MMA 和 200mL 乙腈，然后加入 0.08g AIBN，在室温下搅拌使之完全溶解。设定搅拌速度为 40r/min。然后在 2h 内升温至 70℃，并保持在 70℃ 反应 24h。

2. 聚合反应结束后，通过过滤或离心将聚合物粒子从体系中分离，并依次用四氢呋喃、丙酮和甲醇各洗 3 次，于 50℃ 真空干燥后称重，计算产率。

3. 用扫描电镜（SEM）观察所得聚合物粒子的形态，如图 3-2 所示。

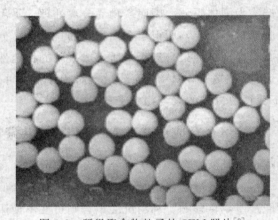

图 3-2 所得聚合物粒子的 SEM 照片[8]

三、思考题

查阅文献，讨论利用沉淀聚合制备单分散聚合物粒子时应如何控制反应条件？

［实验十七］ 分散聚合法制备 PMMA 微球

分散聚合是一种广泛使用的获得形态可控聚合物分散体系的聚合反应方法[9,10]。分散聚合与沉淀聚合很相似，但分散聚合体系中需加入分散稳定剂来控制所得聚合物粒子的大小以及窄化粒子尺寸分布，常用的是屏蔽稳定剂。在聚合反应过程中，增长链在不良溶剂中形成的微凝胶，由于体系中所加的分散剂而稳定化，并逐渐形成聚合物粒子，聚合物粒子形成以后，进一步的聚合反应发生在单体溶胀的聚合物粒子中，如果没有新的粒子产生便可以获得窄的粒子尺寸分布。聚合物粒子的大小主要取决于所形成的聚合物在介质中的溶解性。介质对聚合物的溶解性越好，聚合物链的凝聚越迟发生，所得的聚合物粒子尺寸越大；相反，介质的溶解性越差，聚合物链的凝聚越易发生，所得聚合物粒子的尺寸越小。

微米级的聚合物粒子很难由传统的乳液聚合（0.05～0.7μm）和悬浮聚合（50～1000μm）来获得，而利用分散聚合则很容易获得微米级的聚合物粒子。而且非水分散聚合[11~14]不仅适于自由基聚合，也适于离子聚合、基团转移聚合、开环聚合和开环易位聚合等，特别是非水分散聚合与活性聚合组合，不仅可控制聚合物粒子的形态大小，而且还可控制聚合产物的分子量[15]。

本实验以甲醇-水混合溶剂为介质、聚 N-乙烯基吡咯烷酮（PVPK）为稳定剂进行甲基丙烯酸甲酯的分散聚合获得单分散的 PMMA 微球。

一、主要药品与仪器*

MMA	8mL
PVPK-30	1.6g
AIBN	0.16g
甲醇	56mL
蒸馏水	24mL
250mL 四颈瓶	1个
冷凝管	1支
搅拌器	1套
温度计	1支
恒温浴	1套

* 所用甲醇和蒸馏水预先通氮气鼓泡除氧 30min。

二、实验步骤

1. 在一配有搅拌器、冷凝管、温度计和氮气导入管的四颈瓶［如图 1-3（a）］中，加入 50mL 甲醇、24mL 水、8mL MMA 和 1.6g PVPK-30，搅拌溶解，升温至 70℃下后搅拌 10min（搅拌速度设定为 150r/min），将 0.16g AIBN 用 6mL 甲醇溶解后加入反应瓶，在氮气保护下反应 6h。反应结束后取少量反应液作激光粒度分析，剩余反应液离心沉降，弃去上层清液，加入甲醇洗涤下层微球，再次离心、洗涤。如此反复 2～3 次。将所得微球真空干燥，称重，计算产率。

2. 将所取样品用激光粒度分析仪测定其粒径大小与分布。

3. 取少量干燥微球用 SEM 观察所得聚合物粒子的形态。

三、思考题

分散聚合与沉淀聚合有何异同？分散聚合所得粒子大小主要取决于何种因素？

3.4 悬浮聚合[16]

悬浮聚合是将溶有引发剂的单体在强烈搅拌和分散剂的作用下，以液滴状悬浮在水中而进行的聚合反应方法。悬浮聚合的体系组成主要包括水难溶性的单体、油溶性引发剂、水和分散剂四个基本成分。聚合反应在单体液滴中进行，从单个的单体液滴来看，其组成及聚合机理与本体聚合相同，因此又常称小珠本体聚合。若所生成的聚合物溶于单体，则得到的产物通常为透明、圆滑的小圆珠；若所生成的聚合物不溶于单体，则通常得到的是不透明、不规整的小粒子。

悬浮聚合反应的优点是由于用水作为分散介质，因而导热容易，聚合反应易控制，单体小液滴在聚合反应后转变为固体小珠，产物易分离处理，不需要额外的造粒工艺。缺点是聚合物包含的少量分散剂难以除去，可能影响到聚合物的透明性、老化性能等。此外，聚合反应用水的后处理也是必须考虑的问题。

悬浮聚合控制的关键包括良好的搅拌、合适的分散剂类型及用量、适宜的油水比（单体/水的体积比）。

良好的搅拌指的是合适而稳定的搅拌速度，其他因素固定的前提下，搅拌显得尤其重要，太快得到的聚合物珠粒太小甚至为粉末，太慢则得到的聚合物珠粒太大，易发生黏结成块，使聚合反应失败。一般在单体加入后，由慢到快小心地调节搅拌速度，注意观察单体液滴大小，当单体液滴大小符合要求后，才开始加热升温，并注意保持搅拌速度恒定，以获得粒度均匀的聚合物颗粒。当聚合物颗粒慢慢变硬后，搅拌不再特别重要，只需保证不使反应体系发生爆沸即可。

悬浮聚合的分散剂可吸附在单体液滴表面形成保护层或隔离层，从而达到抑制单体液滴凝聚的作用，主要有两大类：①水溶性高分子，如聚乙烯醇、明胶、纤维素衍生物、聚丙烯酸盐等，一般用量约为单体量的 $0.05\% \sim 0.2\%$；②水难溶性的无机物粉末，如碳酸钙、磷酸钙、滑石粉、硅藻土等，一般用量为单体量的 $0.1\% \sim 0.5\%$，并且常与高分子分散剂复合使用，有时为改善其润湿性，还可添加少量的阴离子型表面活性剂。为了获得更好的分散效果，往往将几种分散剂复合使用。分散剂的类型与用量对聚合产物的颗粒形态及使用性能等影响很大，必须小心选择。

水相/单体相的体积比一般控制在 4/1 到 1/1 之间，水量太高，则聚合反应釜的利用率低；太低，则易造成体系黏度大，搅拌、传质传热困难，易导致聚合反应失控。

悬浮聚合体系是一个分散-凝聚的动态平衡体系，当达到中等单体转化率时（约 $20\% \sim 60\%$），单体液滴的黏性增大，凝聚倾向增强，是悬浮聚合的"危险期"，需特别注意保持良好的搅拌。正因为如此，悬浮聚合法不适于合成黏性高的聚合物，如弹性体。此外为抑制水相和气-液界面的聚合反应，以防止或减少粘釜，应选择水溶性尽量小的引发剂，或者加入适当的水相阻聚剂（如 Na_2S 和吩嗪类化合物等）。

悬浮聚合控制的另一关键是获得均匀的颗粒大小，即窄的颗粒尺寸分布。这取决于两相的物理性质（如界面张力、黏度以及密度）、油水比以及搅拌器与反应器类型、搅拌速度和反应温度等。近来的创新是用种子或模板悬浮聚合技术和"假"或半悬浮聚合技术。前一种技术是利用乳液聚合或沉淀聚合获得单分散的聚合物胶体，再以之作为种子或模板进行悬浮聚合[17,18]。后一种技术是先将有机相在均相条件下（本体或溶液）部分聚合，再将之分散到水相中。

水溶性单体的悬浮聚合是将单体以小液滴形式分散在有机溶剂中，由水溶性引发剂引发，通常称为"反相悬浮聚合反应"。

悬浮聚合是重要的聚合方法，用悬浮法生产的聚合物约占聚合物总产量的 $20\% \sim$

25％。用该法生产的聚合物包括苯乙烯离子交换树脂、挤出与注塑级聚氯乙烯、苯乙烯/丙烯腈共聚物、挤出级偏二氯乙烯/氯乙烯共聚物、（甲基）丙烯酸酯类聚合物和聚乙酸乙烯酯等。

［实验十八］ 甲基丙烯酸甲酯的悬浮聚合

一、主要药品与仪器

甲基丙烯酸甲酯（新蒸）	15mL
蒸馏水	90mL
AIBN	0.15g
（或 BPO）	0.01g
1％聚乙烯醇（PVA-1788）水溶液	3mL
250mL 三颈瓶	1 个
冷凝管	1 支
搅拌器	1 套
10mL、100mL 量筒	各 1 支
抽滤装置	1 套
温度计	2 支
恒温水浴	1 套

二、实验步骤

在装有搅拌器、冷凝管、温度计的三颈瓶［如图 1-1(a)］中依次加入 3mL 1％的聚乙烯醇水溶液、60mL 水，搅拌加热（注意温度不要超过 70℃），加入预先已溶解引发剂的甲基丙烯酸甲酯 15mL，再用剩余的 30mL 水分两次洗涤盛单体的容器，并倒入三颈瓶内，加料完毕后升温至 70℃，小心调节搅拌速度，观察单体液滴大小*，调至合适液滴大小后，保持搅拌速度恒定，将反应温度升至 78℃±2℃，反应约 1.5h 后，用滴管吸取少量珠状物，冷却后观察是否变硬，若变硬，可减慢或停止搅拌，若珠状物全部沉积，可在缓慢搅拌下升温至 85℃继续反应 1h，以使单体反应完全。停止反应，将产物抽滤，聚合物珠粒用水反复洗涤几次后，置于表面皿中自然风干，观察聚合物珠粒形状，称重，计算产率。

* 用滴管吸取少量反应液立刻观察（背光观察能看得更清楚），取样时不要停止搅拌。

三、思考题

1. 悬浮聚合反应中影响分子量及分子量分布的主要因素是什么？
2. 在悬浮聚合反应中期易出现珠粒黏结，这是什么原因引起的？应如何避免？

［实验十九］ 多孔交联聚丙烯酸小球的合成[19]及其表面积测定

交联聚合物小球具有重要的应用价值，如应用于环境保护、色谱分离、抗生素和维生素的提纯、生化和有机化合物的分离、医药与医疗、食品工业、酶的分离提纯与固定化、高分子固载催化剂与反应试剂以及生物活性材料等[20~22]。交联聚合物小球可分为凝胶型和大孔型。凝胶型交联小球在干态时孔隙非常小，只有在添加良溶剂后才会重构一定的孔隙，因此，凝胶型交联小球常常必须在良溶剂存在下使用。相反，大孔型交联小球具有永久的多孔结构，即使在干态时也具有很大的表面积，因此在气相和不良溶剂下也可使用，并且大孔型交联小球比凝胶型交联小球吸附能力更强，在进行化学改性时，更容易获得高的功能基引入率。凝胶型交联小球由单体加少量交联剂通过悬浮聚合反应合成，而大孔型交联小球的合成还需加入致孔剂。所谓的致孔剂通常是一些能与单体混溶、不溶于水、对聚合物能溶胀而本身不参与聚合反应也无阻聚作用的溶剂，在聚合反应完成后，将聚合物珠粒中包含的致孔剂除去便可留下多孔结构[23]。一般认为交联聚合物中的孔结构是在其形成过程中的相分离所致[24]。交联聚合物中孔的总体积一般随交联单体及致孔剂浓度的增加、致孔剂的溶剂化能力下降而增加。

一、主要药品与仪器

甲基丙烯酸（新蒸）	10mL
二（甲基丙烯酸）乙二醇酯	7.5mL
正庚烷*	5mL
BPO	0.25g
1%聚乙烯醇（PVA-1799）水溶液	100mL
250mL 三颈瓶	1个
冷凝管	1支
搅拌器	1套
10mL、50mL、100mL 量筒	各1支
100mL 烧杯	1个
抽滤装置	1套
温度计	2支
恒温水浴	1套

* 正庚烷为致孔剂。

二、实验步骤

1. 反应装置如图 1-1(a)，首先在 250mL 三颈瓶中加入 100mL 的 1%聚乙烯醇水溶液，升温至 80℃±1℃，开动搅拌（约 300r/min），必要时可通氮除氧 15min。

2. 在一 50mL 烧杯中将除去阻聚剂的 10mL 甲基丙烯酸、7.5mL 二（甲基丙烯酸）乙二醇酯和 5mL 正庚烷混合均匀后，加入 0.25g BPO 充分溶解配制成单体相。

3. 保持搅拌速度，将配制好的单体相在 30min 内分批加入三颈瓶以保证良好的单体分散，加完后继续在 80℃±1℃反应约 2.5h 后冷却，结束聚合反应。

4. 将所得的聚合物珠粒先用热水洗 2～3 次后，在索氏抽提器中用丙酮抽提 3～5h 以除去未交联的均聚物，然后在 40℃真空干燥得多孔交联小球。

5. 表面积测定[25]：采用比色法测定表面积。称取 1g 小球样品，置于亚甲基蓝溶液中（100mg/L）浸渍 24h，用 UV-vis 分光光度计检测其在 670nm 吸收强度的降低，测定亚甲基蓝浓度的减少，据此计算小球的表面积：每减少 1mg 亚甲基蓝相当于 2.4m²/g 的表面积。

6. 用扫描电镜观察所得小球的结构。

三、思考题

查阅文献，讨论合成大孔交联聚合物小球时，其孔结构、大小与所用致孔剂的关系？

［实验二十］ 反相悬浮聚合制备珠状强吸水聚合物树脂[26,27]

强吸水树脂与海绵、纱布等的物理吸水作用不同，其对水的吸收是基于水与树脂中亲水基团之间强的相互作用（如氢键等），吸附的水即使在外力作用下也很难脱去，因此在工业、农业和医疗卫生领域具有重要的应用。如农业、园林用作保水剂；化工行业用来脱除化学试剂中的水分，提高各种化学试剂的浓度、纯度和产品的质量；强吸水树脂在妇婴卫生用品方面也具有重要应用，如卫生巾、纸尿裤等。

吸水树脂可由溶液聚合和反相悬浮聚合制备。反相悬浮聚合法由于工艺较为简单，易于操作，产物易分离处理，所得树脂吸水率高，生产成本较低，因此发展非常迅速。

一、主要药品与仪器

环己烷	40mL
正己烷	40mL
丙烯酸	14mL
司班-60*	0.14g
N,N'-亚甲基双丙烯酰胺（交联单体）	0.07g
过硫酸钾（KPS）	0.21g
NaOH	6g（约 75% 中和度）
水、甲醇	
250mL 三颈瓶	1个
电动搅拌器	1套
温度计	2支
回流冷凝管	1支
恒温浴	1套
抽滤装置	1套
培养皿	1个

* 司班-60 为油包水型乳化剂（分散剂），具有很强分散作用，其分子结构为

$$\text{HO} \overset{\text{H}}{\underset{}{\text{C}}} \text{...} \quad \text{O}-\text{CH}_2(\text{CH}_2)_{15}\text{CH}_3$$

二、实验步骤

1. 水相准备：称取 6g NaOH，用 26mL 水溶解后，用冰水冷却，边搅拌边滴加

14mL 丙烯酸中和，然后在室温下加入 0.07g N,N'-亚甲基双丙烯酰胺和 0.21g KPS 搅拌溶解配成水相。

2. 油相准备：在一 250mL 三颈瓶中加入 0.14g 司班-60、40mL 环己烷和 40mL 正己烷升温至 50℃左右搅拌溶解配成油相。

3. 反相悬浮聚合：设定搅拌速度 250～300r/min，在搅拌下将上述的水相倒入油相中，继续搅拌分散 5min 后，升温至 75℃反应 2h，冷却至室温，抽滤，用甲醇洗涤后，50℃真空干燥，称重，计算产率。

4. 吸水容量测定：称取约 0.2g（W_0）干燥的聚合物珠粒加入 100mL 蒸馏水中，室温下浸泡 1h，过滤，用滤纸吸干珠粒表面的水，称重 W_1，吸水容量由下式计算：

$$吸水容量 = \frac{W_1 - W_0}{W_0} \text{ (g/g)}$$

5. 用光学显微镜观察所得珠粒吸水前后的形态和大小。如图 3-3 所示。

(a)   (b)

图 3-3　所得聚丙烯酸钠珠粒分别在干态（a）和充分吸水溶胀后（b）的照片

[图中小图为显微镜照片，（a）图标尺为 0.06mm；（b）图标尺为 1mm]

三、思考题

1. 本实验为什么要采用油包水型乳化剂（分散剂）？

2. 可不可以不加交联单体？为什么？交联单体含量将对所得树脂的吸水性产生何种影响？

3.5　乳液聚合

乳液聚合是指将不溶或微溶于水的单体在强烈的机械搅拌及乳化剂的作用下与水形成乳状液，在水溶性引发剂的引发下进行的聚合反应。

乳液聚合与悬浮聚合相似，都是将油性单体分散在水中进行聚合反应，因而也具有导热容易、聚合反应温度易控制的优点。但与悬浮聚合有着显著的不同，在乳液聚合中，单体虽然同以单体液滴和单体增溶胶束形式分散在水中的，但由于采用的是水溶性引发剂，因而聚合反应不是发生在单体液滴内，而是发生在增溶胶束内形成 M/P（单体/聚合物）乳胶粒，每一个 M/P 乳胶粒仅含一个自由基，因而聚合反应速率主要取决于 M/P 乳胶粒的数目，亦即取决于乳化剂的浓度。由于胶束颗粒比悬浮聚合的单体液滴小得多（粒径通常约 0.1μm），因而乳液聚合得到的聚合物粒子也比悬浮聚合的小得多。乳液聚合能在高聚合速率下获得高分子量的聚合产物，且聚合反应温度通常都较低，特别是使用氧化还原引发体系时，聚合反应可在室温下进行。乳液聚合即使在聚合反应后期体系黏度通常仍很低，可用于合成黏性大的聚合物，如橡胶等。

乳化剂是乳液聚合的关键影响因素之一，乳化剂是兼有亲水的极性基团和疏水（亲油）的非极性基团的两亲性化合物，按其亲水基团性质的差别主要可分为三大类：①阴离子型乳化剂，亲水基一般为羧酸盐、硫酸盐、磺酸盐等，亲油基一般为 $C_{11} \sim C_{17}$ 的直链烷基或 $C_3 \sim C_6$ 烷基取代的苯基或萘基，如十二烷基磺酸钠、十二烷基硫酸钠等；②非离子型乳化剂，主要为聚醚类，如辛基酚聚乙二醇醚、壬基酚聚乙二醇醚等；③阳离子型，主要是一些带长链烷基的季铵盐，如十六烷基三甲基溴化铵、十二烷基胺盐酸盐等。乳液聚合中最常用的是阴离子型，非离子型则常与阴离子型配合使用。阳离子型在一般的乳液聚合中很少使用，但在微乳液聚合中应用较多。

选择乳化剂时，首先要考虑的是乳化剂与待乳化单体混合物的 HLB 值的适配性。HLB 值（Hydrophile-Lipophile Balance Number）称亲水疏水平衡值，也称水油度。HLB 值越大代表亲水性越强，HLB 值越小代表亲油性越强。一般化合物的 HLB 值介于 $1 \sim 40$ 之间。亲水亲油转折点 HLB 值为 10。HLB 小于 10 为亲油性，大于 10 为亲水性。HLB<10 的乳化剂适于油包水型乳液；HLB>10 的乳化剂适于水包油型乳液。可通过几种不同 HLB 值的乳化剂复配获得与待乳化单体混合物相适应的乳化体系。

乳化剂的用量一般为单体量的 $0.2\% \sim 5\%$。用阴离子型乳化剂时，为使乳液体系稳定，除选择合适的乳化剂外，还必须注意调节体系的 pH 值，因为阴离子型乳化剂在酸性条件下不稳定，因此要注意保持聚合体系的 pH 值在碱性范围内，为此可在乳液聚合体系中加入缓冲剂以避免体系的 pH 值的下降，常用的缓冲剂是一些弱酸强碱盐，如焦磷酸钠、碳酸氢钠等。使用离子型乳化剂时常加入适当的非离子型乳化剂可使乳液体系更加稳定。

除通常的单一功能乳化剂外，不断地有一些新型多功能的乳化剂涌现：①同时含非离子型亲水基和离子型亲水基的两性乳化剂，如聚醚壬基酚琥珀磺酸盐、乙氧基醇磺基琥珀酸二钠等，与一般的阴离子乳化剂和非离子乳化剂相比，这类乳化剂能得到更小的乳胶颗粒；②含可聚合基团的反应型乳化剂，如乙烯基磺酸钠、甲基丙烯酸聚醚等，这类乳化剂是一种可与单体发生共聚反应的特殊乳化剂，所得乳液具有非常好的机械稳定性和对金属盐的稳定性，且制备的乳液稳定性不受 pH 值变化的影响，由于乳化剂是高分子链的组成部分，因而还可改善所得树脂的耐水性。

乳液聚合所得乳胶粒子粒径大小及其分布主要受以下因素的影响：①乳化剂。对同一乳化剂而言，乳化剂浓度越大，乳胶粒子的粒径越小，粒径大小分布越窄，并且阴离子型乳化剂与非离子型乳化剂配合使用可使聚合物乳胶粒子粒径分布更窄。②油水比。油水比一般为 $1:2 \sim 1:3$。油水比越大，聚合物乳胶粒子越大；油水比越小，聚合物乳胶粒子越小。③引发剂。引发剂浓度越大，产生的自由基浓度越大，形成的 M/P 颗粒越多，聚合物乳胶粒越小，粒径分布越窄，但分子量越小。④温度。温度升高可使乳胶粒子变小，温度降低则使乳胶粒子变大，但都可能导致乳液体系不稳定而产生凝聚或絮凝。⑤加料方式。分批加料比一次性加料易获得较小的聚合物乳胶粒，且聚合反应更易控制；分批滴加单体比滴加单体的预乳液所得的聚合物乳胶粒更小，但乳液体系相对不稳定，不易控制，因此多用分批滴加预乳液的方法。

此外，采用种子乳液聚合法可更好地控制聚合物乳胶粒子的大小及其分布，特别是在合成单分散乳胶粒子及核壳结构的聚合物粒子方面具有特殊意义。微乳液聚合技术可获得粒径小于100nm、呈透明或半透明的热力学稳定的分散体系，可望获得一些特殊的性能与应用。

［实验二十一］ 乙酸乙烯酯的乳液聚合——白乳胶的制备

一、主要药品与仪器

乙酸乙烯酯	32mL
蒸馏水	20mL
10%聚乙烯醇（1788）水溶液	30mL
OP-10*	0.8mL
过硫酸钾（KPS）	0.08～0.10g
250mL 三颈瓶	1个
冷凝管	1支
搅拌器	1套
10mL、50mL、100mL 量筒	各1支
50mL 烧杯	1个
温度计	2支
恒温水浴	1套

* OP-10 为以烷基酚为催化剂合成的环氧乙烷聚合物。

二、实验步骤

先在50mL烧杯中将KPS溶于8mL水中。另在装有搅拌器、冷凝管和温度计的三颈瓶［如图1-1(a)］中加入30mL聚乙烯醇溶液，0.8mL乳化剂OP-10，12mL蒸馏水，5mL乙酸乙烯酯和2mL KPS水溶液，开动搅拌，加热水浴，控制反应温度为68～70℃，在约2h内由冷凝管上端用滴管分次滴加完剩余的单体和引发剂[注1]，保持温度反应到无回流时，逐步将反应温度升到90℃[注2]，继续反应至无回流时撤去水浴，将反应混合物冷却至约50℃，加入10%的NaHCO₃水溶液调节体系的pH值为2～5，经充分搅拌后，冷却至室温，出料。观察乳液外观，称取约4g乳液，放入烘箱在90℃干燥，称取残留的固体质量，计算固含量。

$$固含量＝(固体质量/乳液质量)×100\%$$

在100mL量筒中加入10mL乳液和90mL蒸馏水搅拌均匀后，静置一天，观察乳胶粒子的沉降量，以评价乳液的稳定性。

注1. 单体和引发剂的滴加视单体的回流情况和聚合反应温度而定，当反应温度上升较快，单体回

流量小时，需及时补加适量单体，少加或不加引发剂；相反若温度偏低，单体回流量大时，应及时补加适量引发剂，而少加或不加单体，保持聚合反应平稳地进行。

注 2. 升温时，注意观察体系中单体回流情况，若回流量较大时，应暂停升温或缓慢升温，因单体回流量大时易在气液界面发生聚合，导致结块。

三、思考题

1. 乳化剂主要有哪些类型？各自的结构特点是什么？乳化剂浓度对聚合反应速率和产物分子量有何影响？

2. 要保持乳液体系的稳定，应采取什么措施？

［实验二十二］　半连续预乳液法制备苯丙胶乳

如前所述，乳液聚合的加料方式对聚合反应影响显著，所谓预乳化工艺，即预先将单体、部分或全部乳化剂、部分或全部水进行乳化再加入聚合体系，该工艺的优点在于：乳液体系更稳定；不存在生成新乳胶粒的问题；有利于共聚体系组成均一。

半连续乳液聚合法是将部分组分先投料，剩余部分在一定时间内连续加料。根据单体聚合过程所处的状态分：①饥饿法。加料速度小于反应速度；②充溢法。加料速度大于反应速度；③半饥饿法。先全部一次加入一种或某几种单体，然后再连续加入另一种或几种单体，且滴加速度小于反应消耗速度，一般将反应活性低的单体先一次性加入，有利于控制共聚产物的组成分布在小范围内变化。一般采用饥饿法或半饥饿法对乳液聚合更有利。半连续法的特点在于可通过调节加料速度控制聚合反应速度和放热速度；分子量较间歇法偏小，且分布较宽；乳液聚合体系稳定性更高。

工业上，乳液聚合大多采用半连续预乳液法。

苯丙乳液是苯乙烯、丙烯酸酯类、丙烯酸类的多元共聚物乳液的简称，是一大类容易制备、性能优良、应用广泛且符合环保要求的聚合物乳液。

单体是形成聚合物的基础，决定着其乳液产品的物理、化学及机械性能。合成苯丙乳液的共聚单体中，苯乙烯、甲基丙烯酸甲酯等为聚合物玻璃化温度高的硬单体，赋予乳胶膜内聚力而使其具有一定的硬度、耐磨性和结构强度；丙烯酸丁酯、丙烯酸乙酯等为聚合物玻璃化温度低的软单体，赋予乳胶膜以一定的柔韧性和耐久性。丙烯酸为功能性单体，可提高附着力、润湿性和乳液稳定性，并赋予乳液一定的反应特性，如亲水性、交联性等。除了丙烯酸以外，功能性单体还有丙烯酰胺、N-羟甲基丙烯酰胺、丙烯腈等。

单体的组成，特别是硬单体与软单体的比例，会使苯丙乳液的许多性能发生变化，其中最重要的是乳胶膜的硬度和乳液的最低成膜温度会有显著的变化。共聚单体的组成与所得共聚物的玻璃化温度 T_g 的关系如下式所示：

$$\frac{1}{T_g} = \frac{w_1}{T_{g1}} + \frac{w_2}{T_{g2}} + \cdots + \frac{w_i}{T_{gi}}$$

式中，w_i 为共聚物中各单体的质量分数；T_g 为共聚物玻璃化温度，单位为 K；T_{gi} 为共聚物中各单体的均聚物的玻璃化温度。

共聚物的玻璃化温度 T_g 愈高，膜就越硬；反之 T_g 越低，膜越软。调节苯丙乳液的共聚单体的种类及它们之间的比例，可合成具有不同玻璃化温度 T_g 的乳液，用于涂料、黏合剂等行业。

本实验用苯乙烯、甲基丙烯酸甲酯、丙烯酸丁酯、丙烯酸进行四元乳液共聚，合成苯丙乳液。聚合引发剂为过硫酸钾，采用阴离子型十二烷基硫酸钠和非离子型 OP-10 的混合乳化剂。聚合工艺采用半连续预乳液法。

一、主要药品与仪器

苯乙烯	31.4mL
甲基丙烯酸甲酯	13.2mL
丙烯酸丁酯	31.1mL
丙烯酸	1.5mL
OP-10	2.1g
十二烷基硫酸钠	2.1g
碳酸氢钠	0.5g
过硫酸钾	0.6g
去离子水	130mL
氨水	
四颈瓶（250mL）	1个
圆底烧瓶 （500mL）	1个
冷凝管	
滴液漏斗	2个
Y 形管	1支
电动搅拌器	1套
恒温浴	1套
温度计	2支

二、实验步骤

1. 单体预乳化

在 500mL 圆底烧瓶中，加入 90mL 水，2.1g 十二烷基硫酸钠，2.1g OP-10，搅拌溶解后再依次加入 1.5g（1.5mL）丙烯酸，12.7g（13.2mL）甲基丙烯酸甲酯，27.5g（31.1mL）丙烯酸丁酯，28.3g（31.4mL）苯乙烯，室温下搅拌乳化 30min。

2. 聚合

称取 0.6g 过硫酸钾于锥形瓶中，用 30mL 水溶解配成引发剂溶液，置于冰箱中备用。

在如图 3-4 所示的聚合反应装置中注，加入 0.5g 碳酸氢钠和 10mL 水搅拌溶解，量取 20mL 单体预乳化液加入反应瓶中，搅拌（约 250r/min）升温至 80℃，加入 6mL 引发剂溶液，反应至体系泛蓝后继续反应 10min，分别滴加剩余的单体预乳液和 21mL 引发剂溶液，约 2h 内滴完。再在 30min 内滴完剩余的 3mL 引发剂溶液，继续反应 30min 后升温至 85℃熟化 1h，冷却至 60℃，加氨水调 pH 值至 7~8，出料。

注：Y 形管同时接上二只滴液漏斗，一只用于滴加单体预乳化液，另一只用于滴加引发剂溶液。

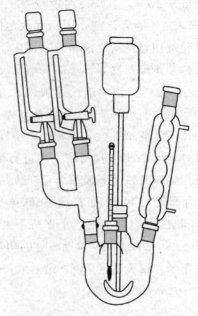

图 3-4 苯丙乳液聚合反应装置示意图

3. 性能测定

（1）转化率测定 称取少量乳液（约 2g）于培养皿中，再加入微量阻聚剂对苯二酚，放入 120℃烘箱中，干燥 2h，取出冷却后再称重，计算单体总转化率。

（2）凝胶率 将制备的乳液过滤，残余物置于烘箱中烘干称重，则凝胶率为：

$$凝胶率 = \frac{凝胶物质量}{单体总质量} \times 100\%$$

（3）化学稳定性测定 用 5%CaCl₂ 溶液滴定 20mL 的乳液，观察是否出现絮凝、破乳现象。

（4）玻璃化温度 T_g 的测定 将一定量乳液置于烧杯中，加入甲醇使聚合物沉淀，经洗涤和干燥后得到聚合物，用 DSC 仪测定其玻璃化转变温度 T_g。

三、思考题

假设单体的转化率为 100%，计算所得共聚物的玻璃化温度，并与实测值比较。

［实验二十三］ 苯乙烯微乳液聚合

微乳液指的是由油、水、乳化剂（许多场合下还需加入助乳化剂）组成的各向同性、热力学稳定的透明或半透明胶体分散体系，其分散相尺寸为纳米级。自 Stoffer[28]、Atik[29]等于 1980 年代早期首次报道微乳液聚合反应以来，由于微乳液的特殊性能，在医药、生物、工业等方面具有广泛的潜在应用，因而受到人们的极大关注。应用领域包括制备多孔材料用于高效分离膜，制备聚合物纳米粒子用于油墨、高性能吸附材料等，制备高档涂料，以及制备用于原油开采的乳液，提高采收率等。

微乳液聚合可很方便地得到纳米级的高分子量聚合物乳胶粒，但是由于典型的微乳液聚合通常固含量都很低，一般低于 10%，且需使用较高的乳化剂/单体比，如制备固含量为 2%～5% 的微乳液通常需加入 5% 的乳化剂，因而大大地限制了微乳液聚合的商业应用。如何提高固含量、降低乳化剂用量是微乳液聚合实用化需解决的关键问题之一。主要有三种方法：①半连续法，或称多步加料法，即单体在聚合反应过程中的特定时段分批加入[30]；②连续法，即单体在聚合反应过程中连续地加入正在反应的聚合体系[31]；③类 Winsor I 体系法，聚合体系的组成类似 Winsor I 型分散体系，由清澈的两相组成，上层油相为纯的单体，下层为含阳离子乳化剂的微乳液相，水溶性的氧化还原引发剂溶于微乳液相，在温和搅拌下，单体由过量的油相吸收到胶束内进行聚合反应[32]。最后所得的聚合物乳胶粒子的大小取决于所用的微乳液体系及聚合反应方法。有些情况下，所加单体多数是在已存在的乳胶粒子内聚合，因而随着所加单体的增加，乳胶粒子显著增大[30a-b, 31a-b]；有些情况下，乳胶粒子的大小则几乎保持不变[31a]。影响粒子尺寸的可能因素包括单体的溶解性[31a-b,32b]、扩散限制[31b]以及单体的用量[31a]等。

本实验采用半连续法制备聚苯乙烯微乳液[30a]，最后可得到固含量约为 40%，聚合物粒子粒径 $<40nm$，分子量 $>10^6 g/mol$ 的微乳液。

一、主要药品与仪器

苯乙烯	66mL
十二烷基三甲基溴化铵（DTAB）	14g
去离子水	80mL
V-50*	0.06g
250mL 四颈瓶	1 个
冷凝管	1 支
搅拌器	1 套
恒压滴液漏斗	1 个
温度计	2 支
恒温水浴	1 套

* V-50 为偶氮类引发剂，其分子结构如下：

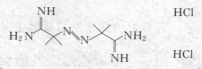

2,2′-Azobis(2-amidinopropane)dihydrochloride

二、反应步骤

1. 如图 3-5 装好反应装置。在四颈瓶中加入 6mL 苯乙烯、14g DTAB 和 80mL 水，充分搅拌乳化成微乳液后，加热到 60℃，温度恒定后，将温度计换成通氮管，通高纯氮 30min[注]。

2. 加入 V-50 的水溶液，在 60℃ 下搅拌反应 1h。

3. 保持搅拌，将剩余的 60mL 苯乙烯在 4h 内以每隔 20min 滴加 5mL 的方式由滴液漏斗加入聚合体系，单体加完后，继续反应 0.5～1h 后，冷却结束聚合反应。测定所得乳液的固含量以及乳胶粒子尺寸与分布。

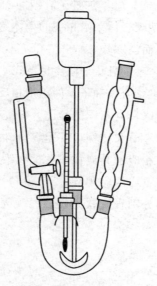

图 3-5　微乳液聚合反应装置示意图

注：聚合反应始终在氮气保护下进行。

三、思考题

制备高固含量的微乳液主要有哪些方法？查阅文献，简述各方法的原理。

［实验二十四］　种子乳液聚合法合成核壳结构聚丙烯酸酯乳液

种子乳液聚合是指在乳液聚合时，在已生成的聚合物乳胶粒子的存在下，通过控制反应体系的组成及反应条件，使新单体只在已生成的聚合物乳胶粒子上发生聚合，而不形成新的乳胶粒，反应结果是仅增大原有乳胶粒子的体积而不增加乳胶粒子的数目。种子乳液聚合可分为两种：①外加种子聚合法，即外加一种与聚合体系相同或不完全相同的聚合物乳液作为种子；②自生种子聚合法，首先在反应器中加入一定数量的单体、乳化剂和引发剂等充分反应一段时间，生成一定数量和大小的聚合物乳胶粒子，再继续加入反应物进行聚合。种子乳液聚合的优点是可有效地控制乳胶粒子的大小，所得聚合物乳胶粒子的粒径分布窄，且易操作，重复性好，特别是易获得特殊的核壳结构产品。

种子乳液聚合法制备核壳结构聚合物，是以核聚合物的乳液为种子乳液进行第二单体的乳液聚合，其关键在于必须避免第二单体聚合时新乳胶粒子的形成，以保证第二单体只在种子乳胶粒子上发生聚合而形成壳。要避免新乳胶粒子的形成，首先必须了解其形成机理。研究表明，引发剂产生的初级自由基并不能直接进入增溶胶束中引发单体聚合，而是只能通过引发微溶于水相中的单体聚合形成一定聚合度的链自由基后再进入胶束[33]。因此在进行壳单体聚合时，在水相中形成的链自由基有几种可能：①进入空胶束中形成新的乳胶粒；②增长到一定聚合度后发生均相成核形成新的粒子；③进入已存在的乳胶粒子；④在水相中发生双基终止。因此避免新乳胶粒子形成的关键是提高链自由基进入种子乳胶粒子的概率，为此，可采用以下实验手段来加以控制[34]：①减小种子乳液的乳胶粒子尺寸，为了确保第二单体聚合时是在种子上形成壳，而不是形成新的乳胶粒子，种子乳胶粒子的尺寸最好控制在 200nm 以下[35]；②增加种子乳液的固含量；③壳单体聚合时采用欠量加料法，即控制单体滴加速度，使聚合体系水相中的单体始终处于"饥饿"状态；④壳单体聚合时采用油溶性引发剂[36]，从而消除均相成核；⑤在壳聚合过程中添加乳化剂，使乳胶粒子表面的电荷密度保持不变而体系的乳化剂浓度保持在 CMC 以下[37]；⑥使壳和种子粒子带相反电荷，如用带正电荷的引发剂合成种子，而用带相反电荷的引发剂合成壳[38]。

由于核聚合物和壳聚合物可以具有不同的性能，核壳聚合物从某种意义上可看作是一种共混聚合物，通过调节两者的性质和比例可获得综合性能优异的核壳聚合物，而且由于其特殊的核壳结构，具有许多与相应的共混物或共聚物不同的、更优越的特殊性能，在涂料、胶黏剂及增韧塑料方面具有重要的应用。

本实验采用自生种子乳液法分别合成软壳硬核、硬壳软核聚丙烯酸酯核壳结构乳液，并比较两种不同乳液的差异。

一、主要药品与仪器

甲基丙烯酸甲酯（MMA）	32.1g
丙烯酸丁酯（BA）	26.7g
丙烯酸（AA）	1.2g
羟甲基丙烯酰胺（NMA，60%）	1.8g
水	90mL
乳化剂 EPA 073（活性物含量约30%）	4g
TX-10	0.4g
过硫酸钾（KPS）	0.48g
250mL 四颈瓶	2 个
恒压滴液漏斗	1 个
冷凝管	1 支
搅拌器	1 套
10mL、50mL、100mL 量筒	各 1 支
温度计	2 支
恒温水浴	1 套

二、反应步骤 *

1. 硬壳软核乳液的合成

将 KPS 溶于 15mL 水，乳化剂用 65mL 水溶解后，取 5mL 加入反应瓶，12mL 用于配制壳乳液，48mL 用于配制核乳液。分别将核单体和壳单体进行预乳化，核、壳乳液的组成如下：

核乳液		壳乳液	
乳化剂溶液	48mL	乳化剂溶液	12mL
MMA	18.1g	MMA	12g
BA	28.7g	AA	0.2g
AA	1.0g	NMA	0.3g
NMA	1.5g		

在 250mL 四口瓶中加入 0.1g NaHCO₃，加 10mL 水溶解，加入 5mL 乳化剂溶液，搅拌均匀后，称取 12g 核乳液倒入反应瓶中，设定搅拌速度约 250r/min，升温至 80℃，加入 3mL KPS 溶液，待反应液泛蓝后，继续反应 10min，滴加剩余的核乳液和 8mL KPS 溶液，约 2h 滴完，继续反应 1h 后，滴加壳乳液和 2.5mL KPS 溶液，滴完后继续反应 30min，升温至 85℃继续反应 1h，冷却，用氨水调节 pH 7～8。

2. 软壳硬核乳液的合成

将 KPS 溶于 15mL 水，乳化剂用 65mL 水溶解后，取 5mL 加入反应瓶，12mL 用于配制壳乳液，48mL 用于配制核乳液。核、壳乳液的组成如下：

核乳液		壳乳液	
乳化剂溶液	48mL	乳化剂溶液	12mL
MMA	30.1g	BA	12g
BA	16.7g	AA	0.2g
AA	1.0g	NMA	0.3g
NMA	1.5g		

其余反应操作同"硬壳软核乳液的合成"。

3. 不同核壳结构性能比较

（1）分别取少许不同核壳结构的乳液，用手指轻轻揉搓比较差异；

（2）各取约 10g 乳液用稀盐酸破乳后，倾去水相，沉淀物再加水搅拌比较再分散的难易。

* 为便于教学，可将学生分为两组，一组做软核硬壳，一组作硬核软壳。

三、思考题

1. 利用种子乳液聚合合成核壳聚合物时应如何避免壳单体形成新粒子而不是在种子粒子上形成壳？

2. 试讨论在进行性能比较试验时两种不同核壳结构乳液所表现出来的差异。

参考文献

[1] 梁晖，卢江. 高分子科学基础. 北京：化学工业出版社，2006.

[2] D. 布劳恩，H. 切尔德龙，W. 克恩著. 聚合物合成和表征技术. 黄葆同等译校. 北京：科学出版社，1981.

[3] 余学海，陆云. 高分子化学. 南京：南京大学出版社，1994.

[4] Stevens M P. *Polymer Chemistry*. 3rd ed. New York：Oxford University Press，1999. 199.

[5] Downey J S，Frank R S，Li W H，Stöver H D H. *Macromolecules*，1999，**32**：2838.

[6] Li W H，Stöver H D H. *J. Polym. Sci. Part A：Polym. Chem.*，1998，**36**：1543.

[7] Li W H，Stöver H D H. *Macromolecules*，2000，**33**：4354.

[8] Li W H，Stöver H D H. *J. Polym. Sci. Part A：Polym. Chem.*，1999，**37**：2899.

[9] Barrett K E J. *Dispersion Polymerization in Organic Media*. London：Wiley，1975.

[10] Almog Y，Reich S，Levy M. *Br. Polym. J.*，1982，**14**：131.

[11] Shen S，Sudol E，El-Aasser M S. *J. Polym. Science PartA：Polym. Chem.*，1994，**32**：1087.

[12] Stejskal J，Kratochvil P. *Makromol. Chem. Makromol. Symp.*，1992，**58**：221.

[13] Winnik M A，Lukas R，Chen W F，Furlong P. *Makromol. Chem. Makromol. Symp.*，1987，**10/11**：483.

[14] Saenz J M，Asua J M. *Macromolecules*，1998，**31**：5215.

[15] Holderle M，Baumert M，Mulhaupt R. *Macromolecules*，1997，**30**：3420.

[16] 潘祖仁，翁志学，黄志明. 悬浮聚合. 北京：化学工业出版社，1997.

[17] Lewandowski K，Svec F，Frechet J M J. *Chem. Mater.*，1998，**10**：385.

[18] Jun J B，Uhm S Y，Suh K D. *Macromol. Chem. Phys.*，2003，**204**：451.

[19] Moustafa A B，Faizalla A. *J. Appl. Polym. Sci.*，1999，**73**：149.

[20] Lee T S，Hong S I. *J. Polym. Sci.*，1995，**33**：203.

[21] Sahni S K，Reedijk J. *Coord. Chem. Rev.*，1984，**59**：1.

[22] 钱庭宝，刘维琳，李金和. 吸附树脂及其应用. 北京：化学工业出版社，1990.

[23] (a) Seidl J，Malinsky J，Dusek K，Heitz W. *Adv. Polym. Sci.* 1967，**5**：113；(b) Sederal W L，De Jong G J. *J. Appl. Polym. Sci.*，1973，**17**：2835.

[24] Okay O，Gurgen C. *J. Appl. Polym. Sci.*，1972，**16**：401.

[25] Moustafa A B，Kahil T，Faizalla A. *J Appl Polym Sci.*，2000，**76**：594.

[26] Choudhary M S. *Macromol. Symp.*，2009，277，171-176.

[27] Mudiyanselage T K，Neckers D C. *J. Polym. Sci. Part A：Polym. Chem.*，2008，46，1357.

[28] Stoffer J O，Bone T. *J. Polym. Sci.*，*Polym. Chem.*，1980，**18**：2641.

[29] Atik S S，Thomas J K. *J. Am. Chem. Soc.*，1981，**103**：4279.

[30] (a) Rabelero M，Zacarias M，Mendizabal E，Puig J E，Dominguez J M，Katime I. *Polym.*，*Bull.* (*Berlin*) 1997，**38**：695；(b) Sosa N，Peralta R D，Lopez R G，Ramos L F，Katime I，Cesteros C，Mendizabal E，Puig J E. *Polymer*，2001，**42**：6923；(c) Hermanson K D，Kaler E W. *Macromolecules*，2003，**36**：1836.

[31] (a) Ming W H，Jones F N，Fu S K. *Macromol. Chem. Phys.*，1998，**199**：1075；(b) Ming W H，Jones F N，Fu S K. *Polym*，*Bull.* (*Berlin*) 1998，**40**：749；(c) Xu X J，Chew C H，Siow K S，Wong M K，Gan L M. *Langmuir.* 1999，**15**：8067.

[32] (a) Gan L M，Lian N，Chew C H，Li G Z. *Langmuir.*，1994，**10**：2197；(b) Loh S E，Gan L M，Chew C H，Ng S C. *J. Macromol. Sci.*，*Pure Appl. Chem.*，1996，**A33**：371.

[33] Maxwell I A，Morrison B R，Napper D H，Gilbert R G. *Macromolecules*，1991，**24**：1629.

[34] Ferguson C J，Russell G T，Gilbert R G. *Polymer*，2002，**43**：4557.

[35] Ferguson C J，Russell G T，Gilbert R G. *Polymer*，2002，**43**：6371.

[36] Sudol E D，El-Aasser M S，Vanderhoff J W. *J. Polym. Sci.*，*Part A：Polym. Chem.*，1986，**24**：3515.

[37] Sudol E D，El-Aasser M S，Vanderhoff J W. *J. Polym. Sci.*，*Part A：Polym. Chem.*，1986，**24**：3499.

[38] Ottewill R H. Emulsion Polymerization and emulsion Polymers. New York：Wiley，1997.

第4章

离子聚合与配位聚合反应[1]

4.1 离子聚合

离子聚合与自由基聚合相似，都属链式聚合反应，可分为链引发、链增长、链转移和链终止等基元反应，不同之处是反应活性中心是离子，而不是独电子的自由基，根据离子活性中心的不同可分为阴离子聚合和阳离子聚合。

离子聚合反应过程中，在生成聚合反应活性中心的同时，伴生有抗衡离子。抗衡离子与链增长活性中心之间存在着一定的相互作用，这种相互作用对聚合反应速率及聚合反应的立体定向性影响显著。两者之间可依离解程度不同表现为多种形式。以阴离子聚合反应为例，聚合过程中链增长活性中心与抗衡阳离子之间存在以下离解平衡：

$$R{-}X \underset{\text{极化}}{\rightleftharpoons} R^{\delta^-}{-}X^{\delta^+} \underset{\text{离子化}}{\rightleftharpoons} R^\ominus {-}{-}{-}X^\oplus \underset{\text{溶剂化}}{\rightleftharpoons} R^\ominus /\!/ X^\oplus \underset{\text{离解}}{\rightleftharpoons} R^\ominus + X^\oplus$$

共价化合物　　极化分子　　　　紧密离子对　　　溶剂分离离子对　　自由离子

增长链活性中心与抗衡离子的相互作用越弱、溶剂的极性越大或溶剂化能力越强、体系温度越高，离解程度越高。相应地，聚合反应活性越高，但聚合反应的立体定向性越弱。

另外，离子聚合的链终止方式与自由基聚合也不同，由于增长链活性中心带有相同的电荷，它们相互排斥，故离子聚合没有双基终止，而是与体系中其他的亲电（阴离子聚合）或亲核（阳离子聚合）化合物反应终止，或者发生链转移反应而终止。

离子聚合受反应条件的影响巨大：

（1）溶剂的影响　离子聚合所用的溶剂常为烃类溶剂，溶剂的性质对增长链活性中心与抗衡离子之间的离解平衡影响显著，选择不同性质的溶剂对聚合过程影响巨大，即使是使用相同的引发剂（体系），当使用不同性质的溶剂时，也会使聚合反应速率和聚合产物结构发生显著的变化。通常溶剂的介电常数或给电子能力与自由离子的浓度成正比。溶剂的介电常数越高，则链增长活性中心与抗衡离子之间的相互作用越弱，链增长活性中心的活性越高，聚合反应速率增大。如果溶剂的介电常数足以使离子对离解为自由离子，或溶剂化能力强，则产物立体规整性下降。

（2）抗衡离子的影响　抗衡离子的性质及其与增长链活性中心之间相互作用的强弱，直接影响聚合反应速率和单体加成方式。阴离子聚合中，抗衡离子半径越大则相互作用越弱，聚合反应速率越大。阳离子聚合中，抗衡离子的亲核性越强，反应速率越小。抗衡离子与链增长活性中心结合是阳离子聚合链终止的主要方式之一，但对于阴离子聚合来说，由于抗衡离子通常为金属离子，故难以和链增长活性中心之间形成稳定的共价键而发生链终止反应。

（3）温度的影响　通常离子聚合都要求在低温下进行，因为通常离子聚合反应中，链转移反应的活化能比链增长反应高，采用低的聚合反应温度有利于抑制链转移反应。

（4）杂质的影响　体系中水、氧、二氧化碳、醇等都可导致链终止反应，因此离子聚合反应的条件比较苛刻，对所用溶剂和单体的纯度要求都相当高，而且通常要求严格干燥所有的仪器、试剂，并且在惰性气体保护下进行聚合反应。

离子聚合反应不能进行悬浮聚合和乳液聚合，也很少进行本体聚合，绝大多数的离子聚合都是在溶液中进行的。

4.1.1　阴离子聚合

阴离子聚合的单体包括带吸电子取代基的乙烯基单体、羰基化合物和杂环化合物。

阴离子聚合根据引发剂种类的不同，反应的具体实施有所差别：①以碱金属为引发剂时，为增加碱金属颗粒的比表面积，在聚合过程中通常先把金属与惰性溶剂加热到金属的熔点以上，剧烈搅拌，然后冷却得到金属微粒，再加入聚合体系，属非均相引发体系；②以碱金属与不饱和或芳香化合物的复合物为引发剂时，以萘钠为例，先将金属钠与萘在惰性溶剂中反应后形成络合物，再加入聚合体系引发聚合反应，属均相引发体系；③阴离子加成引发，包括金属氨基化合物（$MtNH_2$）、醇盐（RO^-）、酚盐（PhO^-）、有机金属化合物（MtR）、格氏试剂（$RMgX$）等。一般先合成引发剂再加入反应体系中，如醇（酚）盐一般先让金属与醇（酚）反应制得醇（酚）盐，然后再加入聚合体系引发聚合反应。有机金属化合物是最常用的阴离子聚合引发剂，多为碱金属的有机金属化合物（如丁基锂）。

［实验二十五］　甲醇钠的制备及丙烯腈的阴离子聚合

甲醇钠的制备：

$$2CH_3OH + 2Na \longrightarrow 2CH_3ONa + H_2$$

丙烯腈聚合：

$$CH_3ONa \underset{离解}{\rightleftharpoons} CH_3O^- Na^+$$

$$CH_3O^- Na^+ + H_2C = CH \underset{CN}{|} \longrightarrow H_3CO - CH_2 - CH^- Na^+ \underset{CN}{|} \xrightarrow{nAN}$$

$$H_3CO + CH_2 - CH)_n CH_2 CH^- Na^+ \xrightarrow{终止} 聚合物$$

一、主要药品与仪器

无水甲醇	25mL
95％乙醇	5mL
金属钠	2g
丙烯腈（新蒸）	5mL
石油醚	20mL

甲苯	4mL
锥形瓶（50mL）	1个
双颈圆底烧瓶（50mL）	1个
回流冷凝管	1支
磨口三通活塞	1个
恒温磁力搅拌器	1套
恒温油浴	1套
冰盐浴	1套
注射器（1mL，5mL，30mL或50mL）	各1支

二、实验步骤

1. 甲醇钠制备

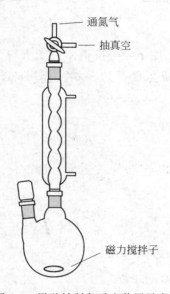

图 4-1　甲醇钠制备反应装置示意图

　　如图 4-1 所示装好反应装置，抽真空、充氮气数次，用注射器加入 25mL 无水甲醇（无水甲醇的处理参看第 1 章相关内容），在氮气保护下，加入切成小块的金属钠 2g，加热升温，回流反应 1h，停止加热，得到无色的甲醇钠溶液，密封备用。

2. 丙烯腈聚合

　　在一磁力搅拌的带有翻口塞的 50mL 锥形瓶中，加入 20mL 无水石油醚，开动搅拌，用注射器加入丙烯腈单体 5mL，将锥形瓶放置在冰盐浴中，保持冰盐浴温度在 −10℃ 以下，用注射器加入以上制备的甲醇钠溶液 1mL，观察反应，反应约 45min 后，加入 5mL 乙醇继续搅拌 10min 终止反应，将产物抽滤，用少量乙醇洗涤，再用水洗至中性，干燥后称重，计算产率。

三、思考题

　　试讨论本实验中的丙烯腈聚合是否为活性聚合？

[实验二十六]　MMA 阴离子定向聚合[2]

在阴离子聚合中，由于链增长活性中心与抗衡阳离子之间存在相互作用，单体与链增长活性中心加成时，其立体取向会受到这种相互作用的影响，因而具有一定的立体定向性。其定向程度及定向性取决于抗衡阳离子与链增长活性中心的离解程度[3]。

在极性较大或溶剂化能力较强的溶剂中，链增长活性中心与抗衡阳离子表现为溶剂分离离子对或自由离子，两者之间的相互作用较弱，单体与链增长活性中心加成时，主要受立体因素影响而采取立体阻碍最小的方式加成，有利于得到间同立构产物：

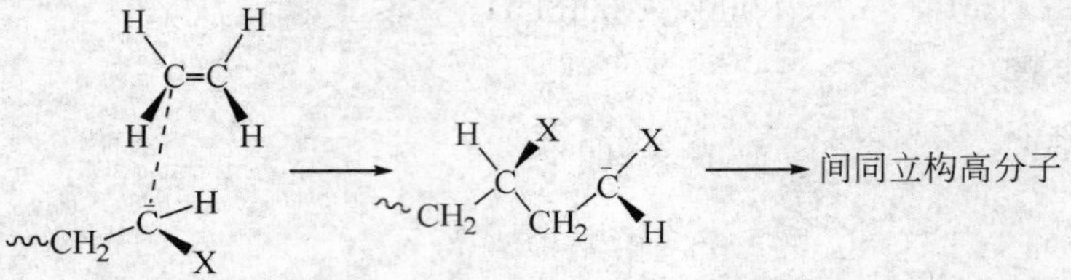

在非极性溶剂中，链增长活性中心与抗衡阳离子表现为紧密离子对，相互间作用较强，单体与链增长活性中心加成主要受这种相互作用的影响，有利于获得全同立构高分子：

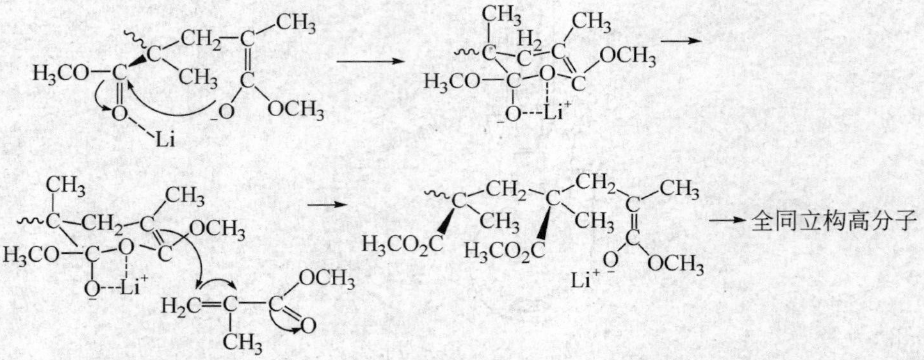

总体上，随着链增长活性中心与抗衡阳离子之间相互作用的减弱，聚合产物的立体规整程度下降。

本实验考察不同性质溶剂对正丁基锂引发 MMA 聚合产物的立体规整性影响。

一、主要药品与仪器*

金属锂	4g
1-氯代正丁烷	30mL
正庚烷	50mL
高纯氮	
甲基丙烯酸甲酯（MMA）	5mL
甲苯	25mL
1,2-二甲氧基乙烷	25mL
甲醇	30mL

双颈瓶（100mL）	3 个
恒温磁力搅拌器	1 套
冷凝管	1 支
恒压滴液漏斗	1 个
硅油浴	1 套
冷浴	1 套
二通活塞	1 个
三通活塞	3 个
注射器	2mL、10mL、50mL 各若干支
长针头（10mL）	若干支

* 所用正庚烷、1-氯代正丁烷、甲苯、MMA、1,2-二甲氧基乙烷在反应前先经常规处理，再在氮气保护和氢化钙存在下新蒸使用。处理方法可参看第 1 章相关内容。

二、实验步骤

1. 正丁基锂的制备

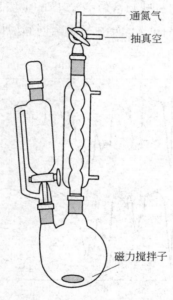

图 4-2　正丁基锂制备反应装置示意图

　　如图 4-2 装好仪器后，对整套仪器进行除水除氧处理，即在火烤下反复抽真空、充氮气 3 次，然后在氮气保护下冷却。在氮气保护下在反应瓶中加入 35mL 无水正庚烷和新切的锂片 0.5g（尽量小片，剪切时，金属锂必须保持在无水庚烷中），加热至 60℃，在搅拌下从滴液漏斗中滴加 4.64g 无水氯代正丁烷及 15mL 无水庚烷的混合液，控制滴加速度，使回流不要太快，约 20min 内滴加完毕，随后将油浴温度升高至 100～110℃，继续搅拌回流 2～3h，可观察到溶液逐渐变浑浊，最后呈灰白色（反应始终在氮气保护下进行）。反应结束后，冷却至室温静置，使反应生成的 LiCl 沉淀，用注射器将上层清液转移至一经严格除水、除氧处理的带二通活塞的 100mL 锥形瓶中。在氮气保护下存放备用。

为测得正丁基锂溶液的准确浓度，可在氮气保护下移取 2mL 正丁基锂溶液加入 20mL 经严格除水除氧处理的甲醇中，以甲基红为指示剂，用 0.1mol·L^{-1} 的盐酸滴定。

* 所有液体反应物用注射器加入，注射器在使用前需用氮气抽洗数次，下同。

2. 全同聚甲基丙烯酸甲酯的合成

如图 4-1 所示，装好反应装置，在火烤下反复抽真空、充氮气 3 次，在氮气保护下冷却，用注射器加入 25mL 无水甲苯和 1.5mL 正丁基锂庚烷溶液，冷却至−78℃，向反应瓶中用注射器加入 2.5mL 新蒸 MMA，搅拌反应 0.5h 后，加入 2.5mL 甲醇终止聚合反应。在搅拌下将反应物缓慢倒入 250mL 石油醚中沉淀，抽滤，依次用 10％稀盐酸、水、甲醇洗涤，尽量抽干，然后用少量四氢呋喃溶解，用甲醇沉淀，抽滤，真空干燥，称重，计算产率。

3. 间同聚甲基丙烯酸甲酯的合成

以 1,2-二甲氧基乙烷取代甲苯作为溶剂，其余条件与全同聚甲基丙烯酸甲酯的合成相同。

4. 红外光谱分析

分别取少量干燥的样品用四氢呋喃溶解后涂于 KBr 压片上干燥，测定红外光谱。比较两样品红外光谱，参照标准谱图[4]，分别指出全同和间同聚甲基丙烯酸甲酯红外光谱的特征（图 4-3）。

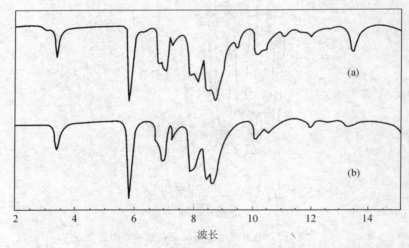

图 4-3　间同（a）和全同（b）聚甲基丙烯酸甲酯标准谱图

4.1.2　阳离子聚合

阳离子聚合的单体包括带给电子取代基的乙烯基单体如异丁烯、乙烯基醚、蒎烯等，以及杂环化合物如环氧乙烷、四氢呋喃、三聚甲醛等。

阳离子聚合引发剂都是亲电试剂，常用的可分为以下几大类：① 质子酸，包括无机酸，如 H_2SO_4、H_3PO_4 等；有机酸，如 CF_3CO_2H、CCl_3CO_2H 等；超强酸，如 $HClO_4$、CF_3SO_3H、$ClSO_3H$ 等；② Lewis 酸，如 $TiCl_4$、$AlCl_3$、$AlEtCl_2$、BCl_3、BF_3、$SnCl_4$ 等，当它们单独使用时，通常是与体系中微量水发生水解反应，生成质子引发阳离子聚合反应，实际上水才是真正的引发剂；③ 碳阳离子源/Lewis 酸复合体系，碳阳离子源是指一些三级或苄基卤代烃（t-RCl）、醚（t-ROR′）、醇（t-R-OH）、酯（t-ROOCR′）等，它们在 Lewis 酸的活化下产生碳阳离子（t-R$^+$）引发阳离子聚合反应，在这类引发体系中，通常把碳阳离子源称为引发剂（initiator），而把 Lewis 酸称为活化剂（activator）。

[实验二十七]　α-蒎烯阳离子聚合

α-蒎烯是松节油的主要成分，除用于精细有机合成制备香料之外，另一重要的用途是通过阳离子聚合反应合成萜烯树脂。萜烯树脂无毒、无臭、耐酸碱，具有突出的抗老化和热稳定性，已广泛应用于压敏黏合剂、热熔胶、涂料、橡胶、印刷、卫生和食品包装等行业[5]。

α-蒎烯阳离子聚合过程复杂，有研究报道为开环、扩环异构化聚合机理共存[6]：

在一般 Lewis 酸如 AlCl$_3$ 引发下，聚合反应主要按扩环异构化机理进行。由于其链增长活性中心位于环上，空间位阻较大，难于进行链增长，因此单体转化率较低，且通常只能得到以二、三聚体为主的低聚物。若将 SbCl$_3$ 与 AlCl$_3$ 复合[7]作为引发体系，则聚合反应主要按开环异构化机理进行。其链增长活性中心为三级阳碳离子较稳定，且空间位阻相对较小，易进行链增长反应，聚合反应速率加快，并可获得较高分子量的产物。

本实验以甲苯为反应溶剂，分别以 AlCl$_3$ 和 SbCl$_3$/AlCl$_3$ 为引发剂（体系）进行 α-蒎烯阳离子聚合反应，比较这两种引发剂（体系）下的聚合反应速率和产物分子量。

一、主要药品与仪器*

α-蒎烯	19mL
AlCl$_3$	0.176g
SbCl$_3$（配成 1.0mol·L^{-1}甲苯溶液）	0.33mL
甲苯	13mL
50mL 磨口三角瓶	2 个
磨口三通活塞	2 只
磁力搅拌器	1 套
注射器	1mL，10mL
分液漏斗	

* α-蒎烯，加 CaH$_2$ 回流后减压蒸馏；甲苯经常规处理后，再在氮气保护和氢化钙存在下新蒸使用。处理方法可参看第 1 章相关内容。

二、实验步骤

1. AlCl$_3$ 引发体系（[M]$_0$＝3.6mol·L^{-1}；[AlCl$_3$]＝40.0mmol·L^{-1}）

聚合反应装置如图 4-4，反应前先对整套仪器进行除水除氧处理，即在火烤下反复抽真空、充氮气 3 次，然后在氮气保护下冷却。取下三通活塞，快速加入 88mg AlCl$_3$（有条件的最好在干燥箱中操作），盖上三通活塞，置于 －15℃ 低温恒温槽中（可用冰盐浴代替），开动磁力搅拌，用注射器在 N$_2$ 保护下加入 6.0mL 甲苯、9.5mL α-蒎烯，－15℃ 下反应 1h 后，加入 2mL 甲醇终止反应。

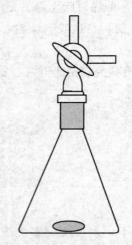

图 4-4　聚合反应装置示意图

反应液倒入分液漏斗，加入 10mL 甲苯稀释，用 2％盐酸溶液洗涤两次，再用水洗涤至中性，旋转蒸发除去未反应的单体和溶剂，40℃ 真空干燥过夜，称重，计算单体转化率。

2. AlCl$_3$/SbCl$_3$ 引发体系（[M]$_0$＝3.6mol·L^{-1}；[AlCl$_3$]＝40mmol·L^{-1}；[SbCl$_3$]＝20mmol·L^{-1}）

聚合反应装置及处理同上。取下三通活塞，快速加入 88mg AlCl$_3$（有条件的最好在干燥箱中操作），盖上三通活塞，置于 －15℃ 低温恒温槽中，开动磁力搅拌，用注射器在 N$_2$ 保护下加入 5.7mL 甲苯、9.5mL α-蒎烯，冷却 15min 后，加入 0.33mL SbCl$_3$ 溶液（1.0mol·L^{-1} 甲苯溶液），聚合反应开始。反应 1h 后加入 2mL 甲醇终止反应，产物处理同上。

3. 产物表征

用凝胶渗透色谱（GPC）测定聚合产物分子量及分子量分布（四氢呋喃或氯仿为溶剂）；用 ^{1}H NMR 表征产物结构（氘代氯仿为溶剂）。

三、思考题

1. 比较以上两种引发体系下的单体转化率和产物分子量，并解释原因。

2. 根据 α-蒎烯阳离子聚合机理，解释两种引发体系下产物的 ^{1}H NMR 谱图。并根据 ^{1}H NMR 谱图的吸收峰面积，估算两种引发体系下产物中扩环异构化结构单元和开环异构化结构单元的相对比例。

[实验二十八]　三聚甲醛阳离子开环聚合[2]

三聚甲醛（即甲醛的环状三聚体），能在阳离子引发剂如三氟化硼乙醚络合物等 Lewis 酸作用下发生阳离子开环聚合，生成聚甲醛。聚甲醛是一种结晶性的热塑性工程塑料，广泛地用于制备各种机械、化工、电气、仪表等的构件。

三聚甲醛的阳离子开环聚合的反应机理如下[8]：

$$H^+ + \langle\!\!\begin{array}{c}O\\O\end{array}\!\!O \longrightarrow H-O^{\oplus}\langle\!\!\begin{array}{c}O\\O\end{array} \longrightarrow H-OCH_2OCH_2OCH_2^{\oplus} \quad \text{三聚甲醛}$$

$$H\text{+}OCH_2OCH_2OCH_2\text{)}_n\text{-}OCH_2OCH_2OCH_2^{\oplus} \xrightarrow[\text{终止}]{H_2O} H\text{+}OCH_2OCH_2OCH_2\text{)}_{n+1}OH$$

由于生成的聚甲醛溶解性很差，因此三聚甲醛的开环聚合无论是在本体还是在溶液中都是非均相过程。所得聚合物分子链的末端基为半缩醛结构，很不稳定，加热时易发生解聚反应分解成甲醛，不具有实用价值。解决方法之一是把产物和乙酐一起加热进行封端反应，使末端的羟基酯化，生成热稳定性的酯基。

本实验用三氟化硼乙醚络合物作为引发剂，二氯乙烷为溶剂，进行三聚甲醛阳离子开环聚合，所得聚甲醛再用乙酸酐封端稳定化。

一、主要药品与仪器

三聚甲醛（用水重结晶后真空干燥）	18g
BF_3OEt_2（$0.1mol \cdot L^{-1}$ 的二氯乙烷溶液）	1mL
二氯乙烷（干燥）	45mL
丙酮	100mL
乙酸酐	30mL
无水乙酸钠	30mg
100mL 磨口锥形瓶	1个
三通活塞	1个
100mL 烧瓶	1个
冷凝管	1支
恒温磁力搅拌器	1台
注射器	1mL，20mL 各1支

二、实验步骤

1. 溶液（沉淀）聚合

聚合反应装置如图 4-4。在经除湿除氧处理的 100mL 磨口锥形瓶中加入 18g 精制的三聚甲醛，套上三通活塞。在氮气保护下，用干燥的注射器依次加入 40mL 二氯乙烷，1mL BF_3OEt_2 的二氯乙烷溶液，开动磁力搅拌，加热至 45℃。约 1min 后，聚甲醛开始从溶液中析出，1h 后加入 40mL 丙酮终止反应，过滤，用丙酮洗涤三次。在室温下真空干燥，称重，计算产率。

2. 乙酸酐封端反应

在如图 4-5 所示的装有空气冷凝管和氯化钙干燥管的 100mL 的烧瓶中，加入 3g 上述所得的粉状聚甲醛，30mL 乙酸酐以及 30mg 无水乙酸钠，磁力搅拌下回流（139℃）2h 后，冷却，抽滤。产物用加有一些甲醇的温蒸馏水（50℃）充分洗涤 5 次，再用丙酮洗涤三次，室温下真空干燥。

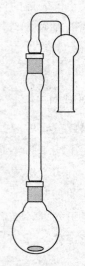

图 4-5　乙酸酐封端反应装置示意图

用热重分析仪 TGA 测定乙酸酐封端前后聚甲醛的热稳定性。

三、思考题

如何证明已发生了乙酸酐封端反应？

4.2　配位聚合反应

配位聚合与自由基聚合和离子聚合不同，其聚合活性中心既不是带独电子的自由基，也不是带正电荷或负电荷的离子，而是催化剂中含有烷基的过渡金属元素的空 d、f 轨道，聚合反应通过单体的双键与空轨道的配位而进行。适合于配位聚合的单体有 α-烯烃、取代苯乙烯、共轭双烯及环烯烃等。对于大多数含氧、氮等给电子性基团的单体以及一些极性大、含卤素的单体一般不宜使用配位聚合，因为这些单体中的极性基团可与配位聚合催化剂之间发生各种复杂的反应而使催化剂失活。

Ziegler-Natta 催化剂是配位聚合催化剂的重要种类之一，典型的 Ziegler-Natta 催化剂主要由两个组分组成，其中第一组分是过渡金属化合物，通常是卤化物，又称主催化剂。过渡金属的电负性须在 1.7 以下，以 Ti、V、Cr、Zr 为好，最常用的是 Ti，如 $TiCl_4$、$TiCl_3$。第二组分为有机金属化合物，又称助催化剂，金属的电负性须在 1.5 以下，原子或离子半径较小者为好，如 Be、Al、Zn 等，工业上常用的是烷基铝，如 $AlEt_3$、$Al(i\text{-}Bu)_3$、$AlEt_2Cl$ 等。为了提高配位催化剂的活性或定向能力，常在双组分催化剂中加入第三组分。第三组分常是一些含有 O、N、P、S 和 Si 等杂原子的给电子性化合物，如醚、酯、醇、羧酸等含氧化合物；脂肪族和芳香族有机胺、芳香族异氰酸酯等含氮化合物；膦、膦酸酯等含磷化合物；硫醚、硫醇、硫酚等有机硫化物；硅烷、卤化硅烷、烷氧基硅烷、聚硅氧烷等含硅化合物。第三组分对催化剂的定向性以及聚合物的定向结构影响很大，有些第三组分可以同时提高催化剂的活性和定向能力，但一般情况下，提高催化剂活性的同时会降低催化剂的定向能力。第三组分还可以影响产物的分子量。由于催化剂本身及其相互作用的复杂性，第三组分的选择仍多是依靠经验，建立在多次试验的基础上。

经典的 Ziegler-Natta 催化剂的催化效率不高，以至生成的聚合物中有较多的催化剂残余，必须要进行繁复的后处理将其除去，这样大大增加了生产成本。20 世纪 60 年代末期，出现了以 $MgCl_2$ 为载体的 Ti 系载体催化剂，开创了高效 Ziegler-Natta 催化剂的新时代。所谓载体催化剂是将一种或几种过渡金属化合物负载在无机物固体表面或高分子上形成主催化剂，而助催化剂仍为有机金属化合物。载体的作用一方面使主催化剂在载体上高度分散，增加活性组分的有效活性中心，同时载体可使活性中心的电子云密度增大而提高活性。另一方面，过渡金属不是简单地吸附在载体粒子表面上，而是与载体间形成了新的化学键，从而使生成的络合物的结构发生改变，导致催化剂热稳定性提高、催化剂寿命增长、不易失活，大大提高了催化效率。因为催化剂的高效率，就可以使催化剂的用量大大减少，催化剂在聚合物中的残留量大大降低，充其量只有几 $\mu g/g$，对聚合物性能无不良影响，从而可去除繁杂的催化剂后处理工序。对于 Ti 系催化剂，除了 $MgCl_2$ 以外，其他的镁化合物如 $Mg(OR)Cl$、MgO、$MgCO_3$ 等也可以作载体，但仍以 $MgCl_2$ 效果最好；而锆系催化剂常用硅化合物作载体，如 SiO_2；钒系催化剂则可用铝化合物，如 Al_2O_3 为载体。

20 世纪 80 年代又发展了茂金属催化剂，以有机茂化合物与锆、钛等过渡金属形成的络合物为主催化剂，以烷基铝氧烷（如常用的甲基铝氧烷，简称 MAO）为助催化剂，是可溶性均相的单活性中心催化剂，特点是聚合产物分子量分布窄，超高催化活性（比 Ti 系载体型催化剂高出几百倍）。但由于需大量使用较为昂贵的烷基铝氧烷，限制了该类催化剂在工业上的应用。

配位聚合反应的实施可采用溶液聚合法、淤浆聚合法和气相聚合法。溶液聚合法以烃类为溶剂，在中压（2.02～7.07MPa）和高于聚合物熔点温度下进行，单体和聚合物都溶解（或大部分溶解）在溶剂中。气相聚合法不必使用溶剂，将气相单体通过流化床反应器直接聚合成产物。淤浆聚合法与溶液聚合法相似，需要使用烃类溶剂，但反应温度与压力比溶液聚合法低，通常在小于 2.52MPa 和低于 100℃下进行，且聚合产物不溶于溶剂。

配位聚合催化剂对水、氧等杂质极为敏感，所以在进行配位聚合反应时对单体的纯度、系统的除氧除湿均要求非常严格，单体和聚合反应介质的含水量应当以 $\mu g/g$ 计算。因此在高分子工业生产中，其工业实施方法与自由基聚合方法的显著不同之处是不能用水作反应介质，单体和反应介质的含水量应严格控制在允许的范围。空气中的氧一般不会发生阻聚反应，但可与催化剂反应使之失去活性，因此需隔绝空气中的氧，尤其是助催化剂烷基铝的化学性质极为活泼，能与氧、水等剧烈反应，甚至自燃，使用时应格外小心。

配位聚合工艺过程大致有下列几步：

（1）原料预备　由于配位催化剂所含的金属-碳键化学活性很大，极易被杂质分解破坏，水、二氧化碳、一氧化碳、氧、硫化物等的存在均会使催化剂被破坏而失去活性，故对原料纯度要求很高，原料的精制一般采用精馏方法，但亦可用净化剂，如活性炭、硅胶、活性氧化铝或分子筛等来除去杂质和水。

（2）催化剂配制　催化剂种类、用量和配制条件（加料次序、陈化条件及负载方法等）对聚合反应速度、聚合产物分子量和分子结构有影响。对多元催化体系而言，催化体系的活性随催化体系各组分比例不同而变。催化剂使用前有时需要陈化，使催化剂各组分反应转变为具有催化活性的物质，因而陈化温度、时间和组分加料顺序等对催化活性均有影响。

（3）聚合　聚合是聚合物合成的重要工序，必须严格控制聚合条件，配位聚合反应速度一般较自由基聚合反应速度快，通常温度对反应速度和聚合物分子量有较大的影响，必须严格控制聚合温度。对 Ti 系催化剂，因烷基铝与空气接触即发生冒烟或燃烧，$TiCl_4$ 遇到空气中的水分即发生水解而破坏，采用此催化剂进行聚合时，需在隔绝空气下操作，聚合前反应系统应抽真空、充氮，反复处理多次，排除系统中的空气和水分。

（4）后处理　反应结束后，需将残留于聚合物中的催化剂除去，以免影响聚合物的性能。催化剂可用醇、盐酸或水来破坏，使它转变成为可溶性物质，与聚合物分离。聚合物再用水或醇洗净，需要时再选用适当溶剂将聚合物中的无规立构物除去。如果使用的是高效催化体系，则可省去除去催化剂残留物的后处理工序。

［实验二十九］　高效 Zieglar-Natta 催化剂制备及丙烯的配位聚合[9]

以 $TiCl_4/MgCl_2$ 体系为基础的非均相载体催化剂是目前工业上制备聚 α-烯烃最常用的 Zieglar-Natta 催化剂。载体催化剂的制备方法有三种：共研磨法、悬浮浸渍法和反应法[10]。

共研磨法指在 N_2 保护下，将 $MgCl_2$ 载体、酯类电子给体和 $TiCl_4$ 在振动磨或球磨机中进行共研磨，此法工艺简单，基本无三废，但催化剂颗粒形态、粒度分布、化学组成均匀性却不够理想，已有逐步被淘汰的趋势。

悬浮浸渍法是指在 N_2 保护下，先将研细的形态良好的 $MgCl_2$ 悬浮于主催化剂 $TiCl_4$ 中，回流一段时间，然后过滤、洗涤、干燥。此法制备的催化剂形态好，化学组成较均匀，活性高，因而工业上多采用此法。但它的缺点是需使用大量的溶剂和 $TiCl_4$，三废多。

反应法是用溶剂（醇、THF 等）溶解 $MgCl_2$ 后，或通过化学反应生成 $MgCl_2$ 的同时，加入 $TiCl_4$ 等组分进行反应和负载。所得到的催化剂颗粒里外化学组成均匀，具有长效、易于生产控制的特点。是近年来工业上常采用的催化剂制备方法，但该法也存在"三废"问题。

本实验通过反应法制备高活性 δ-晶型 $MgCl_2$，再通过悬浮浸渍法负载 $TiCl_4$，得到一高效 Zieglar-Natta 主催化剂，进一步在 $AlEt_3$（助催化剂）活化下进行丙烯配位聚合，聚合体系中还加入电子给体二甲基二乙氧基硅烷以提高产物聚丙烯的等规度。

一、主要药品与仪器

镁粉（50目）	0.25g
1-氯丁烷（经干燥、蒸馏纯化）	25mL
庚烷（经分子筛干燥）	200mL
$TiCl_4$	2.5mL
$AlEt_3$	25mL
丙烯（钢瓶装）	
二甲基二乙氧基硅烷	18mg
50mL 双颈瓶	1个
50mL 圆底烧瓶	1个
500mL 四颈瓶	1个
冷凝管	2支
滴液漏斗	1个
磨口三通活塞	2个
电动搅拌器	1套
磁力搅拌器	1套
恒温浴	1套

二、实验步骤

1. δ-晶型 $MgCl_2$ 载体制备

在 50mL 圆底烧瓶中加入 0.25g 镁粉，25mL 氯丁烷，套上冷凝管，加热回流反应 3h，过滤，用庚烷洗涤固体，120℃下真空干燥 3h，得到约 0.9g 白色粉状的 δ-$MgCl_2$。

2. 催化剂制备

聚合反应装置如图 4-2。整套装置经加热抽真空干燥，用氮气置换三次，加入 0.5g δ-$MgCl_2$，10mL 庚烷。在 0℃（冰浴）、磁力搅拌下，通过滴液漏斗滴加 2.5mL $TiCl_4$ 与 3mL 庚烷的混合液。滴完后，反应物加热升温至 60℃，搅拌 2h。形成的悬浮液再冷却至室温，在氮气保护下滤去反应液，用干燥的庚烷（15mL）洗涤 3 次，室温真空干燥 2h，得到颗粒状催化剂干粉。在氮气保护下转移至干净瓶中，密封保存。所得催化剂 Ti 和 Mg 的质量百分含量分别约为 1％～2％和 22％（可用等离子发射光谱测定）。

3. 丙烯配位聚合

反应装置如图 4-6，关闭丙烯导管，通过调节三通活塞加热抽真空 0.5h，用高纯氮置换三次，用干燥的注射器在氮气保护下由三通活塞依次加入 25mL 庚烷，28mg $AlEt_3$（可预先配制成庚烷溶液）、18mg 二甲基二乙氧基硅烷，室温搅拌 5min 后再加入 15mg 上步反应所得催化剂[注1]，室温下搅拌 5min。补加 300mL 庚烷，然后通入丙烯赶走 N_2，并保持一定压力[注2]（略大于 101kPa），在 70℃下反应 2h。用 2mL 甲醇终止反应，过滤，经乙醇洗涤后在 60℃下真空干燥，称重、计算催化效率，即由每克催化剂 Ti 所得到的聚丙烯的质量（g）（催化剂 Ti 的质量百分含量以 1％计）。

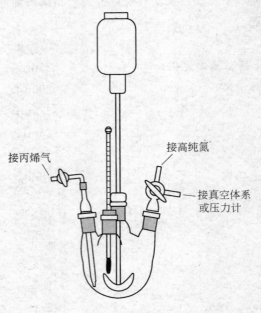

图 4-6　配位聚合反应装置示意图

4. 产物等规度的测定

准确称取一定量（约 2g）产物聚丙烯，以庚烷为溶剂，用索氏抽提器萃取 4h，不溶物真空干燥后称重，则等规度计算公式如下：

等规度＝庚烷萃取后样品质量/庚烷萃取前样品质量×100%

注 1：可在氮气保护下由温度计口快速加入固体催化剂。

注 2：通过调节三通活塞来实现，赶走氮气后，将三通活塞的接头之一关闭，另一接头接压力计。

三、思考题

1. 进行配位聚合反应时，应注意哪些问题？为什么？

2. 载体催化剂的制备方法有几种？

［实验三十］　插层聚合制备聚丙烯/蒙脱土纳米复合材料[11]

有机-无机纳米复合材料有别于通常的聚合物/无机填料复合体系，并不是无机相与有机相的简单加和，而是由无机相和有机相在纳米到亚微米范围内复合而形成的，是一类集无机、有机、纳米粒子的诸多特性于一身、具有许多特异性能的新材料，因而正在成为一个新兴的、极富生命力的研究领域[12]。

插层聚合是制备有机/无机纳米复合材料的最重要的方法之一，其原理是利用层状无机物（如蒙脱土等）作为主体，通过气相或液相吸附，将有机单体嵌入无机物的层间，再经引发聚合形成聚合物-无机物复合物。层状无机物的每层厚度和层间距离都在纳米级，而单体聚合形成的大分子链的尺寸远大于层间距，因而无机物层状结构被剥离成纳米级的片层而均匀地分散在聚合物基体中。

本实验将 Zieglar-Natta 催化剂 TiCl₄ 负载在经十六至十八烷基季铵盐有机化处理过

（增加与有机单体的亲和性）的蒙脱土片层的表面上，然后丙烯分子插入蒙脱土片层之间进行配位聚合，制备聚丙烯/蒙脱土纳米复合材料。

一、主要药品与仪器

$TiCl_4$	10mL
$MgCl_2$	1g
三乙基铝	0.2g
钠-蒙脱土（粒径 40~70μm）	5g
正庚烷	200mL
丙烯（钢瓶装）	
十六至十八烷基季铵盐	3g
甲苯	10mL
250mL 三颈瓶	2个
50mL 双颈瓶	1个
滴液漏斗	1个
电动搅拌器	1套
球磨机	
恒温浴	1套

二、实验步骤

1. 有机蒙脱土制备

在如图 4-7 所示的反应装置中，加入 95mL 蒸馏水，在激烈搅拌下，加入 5g 钠-蒙脱土，形成均匀的分散液。然后滴加含 3g 季铵盐的水溶液 20mL，在 80℃下搅拌 1h，抽滤，并用水洗除去过量的季铵盐（多次洗涤至用 $AgNO_3$ 溶液检测无白色沉淀生成为止），真空干燥至恒重并研磨成 40~60μm 的粉末，即得到有机蒙脱土。

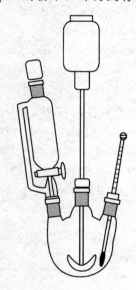

图 4-7　有机蒙脱土制备反应装置示意图

2. 有机蒙脱土活化

将 3g 有机蒙脱土在 100～110℃ 下真空干燥 10h 后，与 1g MgCl₂ 一起经球磨机研磨 24h，然后与 10mL 甲苯均匀混合成浆状物。称取 2g 浆状物加入带冷凝管、滴液漏斗、磁力搅拌的双颈瓶中（反应装置如图 4-2），滴加 10mL $TiCl_4$，100℃ 下反应 2h。用庚烷洗涤反应物 5 次以上，真空干燥便得蒙脱土/$MgCl_2$/$TiCl_4$ 催化剂（活性蒙脱土）。其 Ti 和 Mg 含量可用等离子发散光谱测定。

3. 丙烯的插层聚合

聚合反应装置如图 4-6。四颈瓶（250mL）在红外灯加热烘烤下抽真空 0.5h，用高纯 N_2 置换三次，然后通入丙烯赶走 N_2 并保持一定压力（略高于 101kPa），用注射器将 100mL 庚烷、0.2g 三乙基铝（可预先配成庚烷溶液）注入反应器中，在 N_2 气保护下称取 0.4g 活性蒙脱土加入反应体系后，开动搅拌，于 70～80℃ 下反应 2h，加入 2mL 甲醇终止反应，过滤，经乙醇洗涤后真空干燥得到聚丙烯/蒙脱土纳米复合材料。

4. 产物表征

用 X 射线衍射仪分别测定有机蒙脱土及聚丙烯/蒙脱土复合材料的广角 X 射线衍射图谱，观察插层聚合前后有机蒙脱土在 $2\theta=4.58$ 处的层状结构 001 面的特征衍射峰的变化；用透射电子显微镜观察聚丙烯/蒙脱土纳米复合材料的微观结构形态，并估算蒙脱土在聚丙烯基体中的分散尺寸。

三、思考题

查阅文献，试述制备聚合物/无机纳米复合材料的常用方法。

参考文献

[1] 梁晖，卢江. 高分子科学基础. 北京：化学工业出版社，2006.

[2] D. 布劳恩等著. 聚合物合成和表征技术. 黄葆同等译. 北京：科学出版社，1981.

[3] Stevens M P. *Polymer Chemistry*. 3rd ed. New York：Oxford University Press，1999.

[4] Baumann U，Schreiber H，Tessmar K. *Makromol. Chem.*，1960，**36**：81.

[5] Kennedy J P. *Carbocationic Polymerization*. New York：John Wiley & Son，1982.

[6] Lu J，Kamigaito M，Sawamoto M，Deng Y X. *Makromol. Chem.*，1993，**194**：3441.

[7] 邓云祥，林华玉等. 高等学校化学学报，1991，**12**：1414.

[8] 余学海，陆云. 高分子化学. 南京：南京大学出版社，1994.

[9] Di Noto V，Bresadala S. *Macromol. Chem. Phys.*，1996，**197**：3827.

[10] 黄葆同，沈之荃等. 烯烃双烯烃配位聚合进展. 北京：科学出版社，1998.

[11] Ma J，Qi Z N，Hu Y L. *J. Appl. Polym. Sci.*，2001，**82**：3611.

[12] 王世敏等. 纳米材料制备技术. 北京：化学工业出版社，2002.

第5章

活性聚合反应

　　无链转移和链终止反应的聚合反应称为活性聚合，即整个聚合过程中，只有链引发和链增长反应，生成的活性中心寿命足以保持到聚合反应结束。另外，链引发速率远大于链增长速率，以保证所有活性中心同时开始增长，从而使聚合产物分子量分布很窄。典型的活性聚合应同时具有以下特征：

　　（1）数均分子量（M_n）与单体转化率呈线性增长关系；

　　（2）聚合产物的分子量分布非常窄，接近单分散性，即 $M_w/M_n \rightarrow 1$；

　　（3）当单体转化率达 100% 时，向聚合体系中添加新鲜单体，聚合反应可继续进行，数均分子量进一步增加，并依然与单体转化率成正比，如图 5-1 所示。

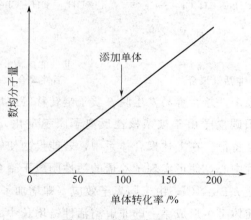

图 5-1　活性聚合示意图

　　（4）聚合产物分子数等于活性链的数目，并且在整个聚合过程中保持恒定。因此当单体转化率为 100% 时，聚合产物聚合度取决于单体与引发剂浓度之比，可表示如下：

$$DP_n = n[M]_0/[I]_0$$

　　式中，$[M]_0$ 为单体起始浓度；$[I]_0$ 为引发剂起始浓度；n 为每个活性链所消耗的引发剂分子数，如在阴离子活性聚合中，单阴离子链 $n=1$；电子转移引发的双阴离子链 $n=2$。

　　活性聚合是 1951 年 Szware 用萘钠引发苯乙烯阴离子聚合时首先发现的，至今为止活性聚合已扩展到其他聚合机理，如阳离子聚合、配位聚合、自由基聚合、基团转移聚合等都实现了活性聚合。与一般聚合方法相比，活性聚合可以有效地控制聚合产物的一次结构，包括聚合物的组成、分子量及分子量分布、侧基、端基以及几何形状等，因此成为聚合物分子设计最有效的手段之一[1]。

[实验三十一]　苯乙烯活性阳离子聚合[2]

20 世纪 80 年代中期，东村敏延、Kennedy 分别首次发现了乙烯基醚和异丁烯的活性阳离子聚合，打破了人们对阳离子聚合诸如重现性差、难以控制、不可以用于聚合物精细合成等的传统观念，是阳离子聚合研究上的划时代的事件[3]。

本实验通过苯乙烯的活性阳离子聚合，加深对活性阳离子聚合的理解，同时了解活性阳离子聚合的实验方法及产物表征。以 1-苯基氯乙烷为引发剂、$SnCl_4$ 为 Lewis 酸活化剂，引发苯乙烯阳离子聚合时，体系中存在两种相互独立、同时增长的链增长活性中心，即解离的阳碳离子 I 和非解离的阳碳离子 II，如下式所示：

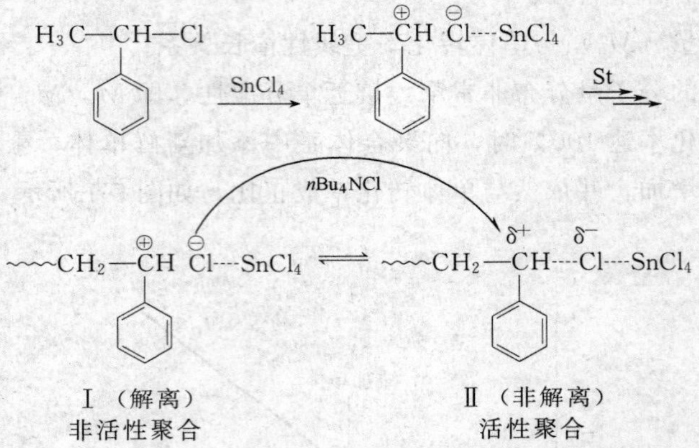

其中，解离的阳碳离子稳定性差，容易发生脱 β-质子链转移等副反应，因而聚合反应是非活性聚合；而非解离的阳碳离子由于被亲核性反离子团稳定化，不易发生链转移等副反应，聚合反应呈活性聚合特征。在上述聚合体系中，若能设法使解离的增长活性中心全部转变为非解离的增长活性中心，便可实现苯乙烯的活性阳离子聚合。方法之一是在引发体系中加入一定量的季铵盐 $n\text{-}Bu_4NCl$，由于同离子效应（即增加了阴离子的浓度），抑制了增长末端的离子解离，使体系中形成单一的非解离活性链增长中心。

一、主要药品与仪器

苯乙烯	2.3mL
CH_2Cl_2	17.7mL
α-氯代乙苯	56.2mg
$SnCl_4$	0.5210g
$n\text{-}Bu_4NCl$	0.2223g
磨口反应试管（25mL）	4 支
磨口三通活塞	4 支
注射器	1mL、5mL
低温温度计	
冷阱	

二、实验步骤

1. 试剂的处理

苯乙烯用 10％氢氧化钠水溶液洗涤后，水洗至中性，$CaCl_2$ 干燥，在 CaH_2 存在下减压蒸馏两次。CH_2Cl_2 经 10％氢氧化钠水溶液洗涤后，水洗至中性，$CaCl_2$ 干燥，加入 CaH_2 蒸馏两次。1-苯基氯乙烷（减压蒸馏）、$SnCl_4$、$n\text{-}Bu_4NCl$（室温下真空干燥）均配成 $1.0mol \cdot L^{-1}$ 的 CH_2Cl_2 溶液。

2. 聚合

磨口反应管套上三通活塞，在高纯氮气流下（或抽真空），加热反应管 5min，冷却后充氮。在氮气保护下用干燥的注射器依次加入 3.62mL CH_2Cl_2，0.58mL 苯乙烯，0.1mL α-氯代乙苯溶液，0.2mL $n\text{-}Bu_4NCl$ 溶液，在 $-15℃$ 的冷阱中冷却 15min 后，再用注射器在氮气保护下快速加入 0.5mL $SnCl_4$ 溶液，同时摇动反应管使体系均匀，开始反应。聚合 30min 后，加入预冷的甲醇 2mL 终止聚合反应。按上同样操作，设定聚合时间分别为 60min、90min 和 120min。

3. 产物处理

在终止后的反应液中，加入 20mL 甲苯稀释，倒入分液漏斗中，用 2％盐酸洗涤两次以除去残余的 $SnCl_4$，水洗至中性。旋转蒸发除去溶剂和未聚合的单体，40℃下真空干燥过夜，称重计算单体转化率（单体转化率也可用气相色谱测定，此时可以聚合体系中的 CH_2Cl_2 为内标，最好是加入难挥发性的惰性溶剂作内标）。

4. 产物表征

用 GPC 测定产物分子量与分子量分布（THF 作流动相，单分散性聚苯乙烯作标样，样品配制浓度约为 50mg 样品/4mL THF）；用 ^{1}H NMR 对产物的结构进行分析（$CDCl_3$ 为溶剂）。

三、数据处理与讨论

1. 画出时间-单体转化率曲线；
2. 画出数均分子量-单体转化率曲线；
3. 计算产物理论分子量，并与实测值比较；
4. 指出产物 ^{1}H NMR 谱图上各个吸收峰的归属，并由 ^{1}H NMR 的吸收峰面积计算聚合产物的数均聚合度（见附注）。

根据以上数据，讨论该聚合是否是活性聚合。

注：在 ^{1}H NMR 谱图上 δ 约 7ppm 处，为单体单元苯环上的质子峰，假设其峰面积为 S_1；δ 约 4.5ppm 处为聚合物端基（$\sim\sim\sim CH_2—CH(Ph)—Cl$）的吸收，其峰面积为 S_2，则数均聚合度 = $S_1/5S_2$。

四、思考题

实现阳离子活性聚合的手段有哪些？

［实验三十二］　甲基丙烯酸甲酯基团转移（活性）聚合[4]

基团转移聚合（Group Transfer Polymerization，GTP）由 Webster 等于 1983 年发

现，这是一个基于 Michael 加成反应进行的一种新型聚合反应。其聚合反应机理可用这种聚合反应的典型代表 MMA 的聚合反应过程示意如下[5]：

$$\underset{1}{\underset{H_3C}{\overset{H_3C}{>}}C=\underset{OCH_3}{\overset{OCH_3}{C}}-OSi(CH_3)_3} + H_2C=\underset{\underset{O}{\parallel}}{\overset{CH_3}{C}}-OCH_3 \xrightarrow{TBABB} \underset{2}{H_3C-\underset{CH_3}{\overset{COOCH_3}{C}}-CH_2-\underset{CH_3}{\overset{OCH_3}{C}}=C-OSi(CH_3)_3} \xrightarrow[\text{链增长}]{n\text{MMA}}$$

$$H_3C-\underset{CH_3}{\overset{COOCH_3}{C}}(CH_2-\underset{CH_3}{\overset{COOCH_3}{C}})_n CH_2-\underset{CH_3}{\overset{OCH_3}{C}}=C-OSi(CH_3)_3 \xrightarrow[\text{链终止}]{H^+} H_3C-\underset{CH_3}{\overset{COOCH_3}{C}}(CH_2-\underset{CH_3}{\overset{COOCH_3}{C}})_{n+1}H$$

上述反应中，含烯酮硅缩醛结构的二甲基乙烯酮的甲基三甲基硅氧基缩醛（**1**）为引发剂，在亲核催化剂四丁基二苯甲酸氢铵（TBABB）的催化下，与 MMA 单体发生 Michael 加成反应生成反应物 **2**，由于 **2** 的末端同样是烯酮硅缩醛结构，因此可以再与体系中的 MMA 单体加成进行链增长，生成大分子。可见在聚合反应的各个阶段，都伴随着从引发剂或增长链末端向单体的羰基上转移一个三甲基硅基（$SiMe_3$）的过程，因此该聚合被称为基团转移聚合。

GTP 具有活性聚合的全部特点，其活性末端可用甲醇等含活泼氢的化合物进行终止。与阴离子活性聚合相比，GTP 可在较高温度（如 20～70℃）下进行，这在极性单体（丙烯酸酯、甲基丙烯酸酯、丙烯腈等）的活性聚合中具有重要意义。

一、主要药品与仪器 *

二异丙胺	10.1g
正丁基锂庚烷溶液（$10mol \cdot L^{-1}$）	12mL
异丁酸甲酯	11.5mL
三甲基氯化硅	31.7mL
Bu_4NOH 甲醇溶液（$1.0mol \cdot L^{-1}$）	5mL
苯甲酸	1.22g
MMA	8mL
THF	80mL
石油醚（30～60℃）	220mL
50mL 锥形瓶	2 只
50mL 双颈瓶	2 只
磨口三通活塞	4 支
注射器 50mL、10mL、1mL、0.25mL	各数支
磁力搅拌器	

* MMA 经常规方法处理后，加 CaH_2 减压蒸馏；THF 先后在 P_2O_5、CaH_2 存在下蒸馏。

二、实验步骤

1. 引发剂二甲基乙烯酮甲基三甲基硅氧基缩醛的制备

反应式如下：

$$[(CH_3)_2CH]_2NH + BuLi \longrightarrow [(CH_3)_2CH]_2N^{\ominus}Li^{\oplus}$$

$$(CH_3)_2CHCO_2CH_3 \xrightarrow{[(CH_3)_2CH]_2N^{\ominus}Li^{\oplus}} \underset{H_3C}{\overset{H_3C}{}}C=C\overset{O^{\ominus}Li^{\oplus}}{\underset{OCH_3}{}} \xrightarrow{ClSi(CH_3)_3} \underset{H_3C}{\overset{H_3C}{}}C=C\overset{OSi(CH_3)_3}{\underset{OCH_3}{}}$$

反应装置如图 5-2，整套反应装置经加热抽真空、充氮气处理后，加入含 14.0mL（0.1mol）二异丙胺的 40mL THF，然后在 0℃下滴入 12mL 正丁基锂庚烷溶液（含 0.12mol 正丁基锂），反应 30min。再滴入 12mL（0.1mol）的异丁酸甲酯，反应 30min。除去冰浴，加入 31.7mL（0.25mol）三甲基氯化硅，室温下反应 30min，滤去沉淀，旋转蒸发除去溶剂，减压蒸馏，收集 38℃/2666Pa 馏分（$n^{28}=1.4124$，$d=0.8265\text{g}\cdot\text{mL}^{-1}$）。

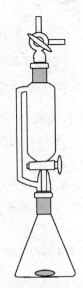

图 5-2　二甲基乙烯酮甲基三甲基硅氧基缩醛的制备反应装置示意图

2. 催化剂四丁基二苯甲酸氢铵的合成

制备反应式：

$$2C_6H_5COOH + Bu_4NOH \longrightarrow Bu_4NH(C_6H_5CO_2)_2$$

在 10mL 甲醇中，加入 5mL Bu$_4$NOH 甲醇溶液（1.0mol·L^{-1}），1.22g（0.01mol）苯甲酸，搅拌溶解，放置过夜，真空干燥，得白色固体产物（熔点 103～105℃），配制成 0.2mol·L^{-1} 的 THF 溶液使用。

3. 聚合

（1）聚合反应装置如图 5-3，整套装置边烘烤边抽真空 10min，然后循环抽真空、充氮气三次，在氮气保护下用干燥的注射器依次注入 20mL THF、5mL MMA、0.2mL 引发剂和 0.04mL 催化剂溶液，聚合反应立即开始，体系温度急剧上升，溶剂沸腾。等体系降至室温后，用注射器由橡胶翻口塞抽取 1mL 产物溶液，加到 20mL 石油醚中，过滤收集聚合物沉淀，真空干燥过夜，计算转化率。

（2）单体添加实验：取样后往（1）体系中再注入 3mL MMA，瓶内温度立即上升，

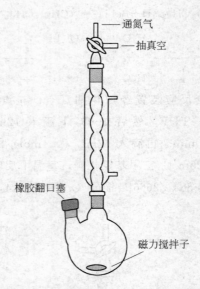

通氮气

抽真空

橡胶翻口塞

磁力搅拌子

图 5-3　MMA 基团转移聚合反应装置示意图

黏度明显增大，这表明所加单体继续被引发聚合。降温后，搅拌 10min，倒入 200mL 石油醚中沉淀纯化，过滤、真空干燥，计算单体转化率。

4. 分子量测定

用 GPC 测定产物分子量与分子量分布（THF 作流动相，单分散性聚苯乙烯作标样，样品配制浓度约为 50mg 样品/4mL THF），比较单体添加前后分子量及分子量分布变化情况，并加以讨论。

注：引发剂和催化剂的制备较繁杂，每组学生的用量很少，可由教师或实验技术人员预先完成。

三、思考题

1. 根据 GTP 反应机理，讨论适于进行 GTP 的单体应该具有何种结构特点？

2. 如何用 GTP 方法合成甲基丙烯酸甲酯和丙烯酸丁酯嵌段共聚物？

［实验三十三］　苯乙烯原子转移自由基聚合[6]

作为活性自由基聚合的方法之一，原子转移自由基聚合（Atom Transfer Radical Polymerization，ATRP）是于 1995 年由旅美学者王锦山首先发现的。其原理是以有机卤化物为引发剂，过渡金属络合物为卤原子载体，通过氧化还原反应使卤原子在金属复合物与链增长自由基之间可逆转移，在活性种（$M_n \cdot$）与休眠种（$M_n X$）之间建立可逆动态平衡。其结果使链增长自由基浓度降低，抑制了自由基聚合中最易发生的双基终止反应，从而实现对聚合反应的控制。由于具有聚合条件温和适用单体范围广的特点，ATRP 的发现立刻引起学术界和工业界的广泛重视，成为高分子化学研究领域的热点之一。

本实验以 α-氯代乙苯为引发剂，在 CuCl/联吡啶（bpy）复合物存在下，引发苯乙烯活性自由基聚合，过程如下式所示[7]：

$$\sim\!\sim\!\sim\!CH_2\!-\!CH\!-\!Cl + CuCl\ (bpy) \underset{100℃}{\overset{}{\rightleftharpoons}} \sim\!\sim\!\sim\!CH_2\!-\!\overset{\cdot}{C}H + CuCl_2\ (bpy)$$

+St

K_p

一、主要药品与仪器

α-氯代乙苯（减压蒸馏纯化）	24.6mg
2,2′-联吡啶	81.9mg
CuCl	17.3mg
苯乙烯	2mL
磨口三通活塞	2 只
25mL 磨口反应管	2 支
恒温油浴	1 套
注射器	若干

二、实验步骤

1. 试剂处理

苯乙烯用 10％氢氧化钠水溶液洗涤后，水洗至中性，$CaCl_2$ 干燥，加入 CaH_2 减压蒸馏两次，用高纯 N_2 鼓泡除 O_2 30min。α-氯代乙苯在 CaH_2 存在下减压蒸馏。2,2′-联吡啶（bpy）用丙酮重结晶后真空干燥。CuCl 用乙酸洗涤后再用丙酮反复洗涤，真空干燥，避光保存。

2. 聚合

在 N_2 气流下，用小火或红外灯加热套有三通活塞的反应管 5min，冷却后充 N_2，打开三通活塞，快速加入 17.3mg（0.175mmol）CuCl，81.9mg（0.525mmol）联吡啶，24.6mg（0.175mmol）α-氯代乙苯，2mL（17.5mol）苯乙烯。用绳子将三通塞与反应试管固定（防止聚合时三通塞脱落），液氮冷冻下真空脱气-融化-通 N_2，循环两次。置于恒温油浴（130℃）中进行聚合。2h 后，取出反应管冷却后，用 5mL THF 稀释，离心除去固体金属催化剂，清液倒入 50mL 甲醇中沉淀、过滤、真空干燥，计算单体转化率。

3. 产物表征

用 GPC 测定产物分子量及分子量分布（THF 作流动相，单分散性聚苯乙烯作标样，样品配制浓度约为 50mg 样品/4mL THF）；^{1}H NMR 表征产物结构。

三、讨论

1. 计算产物理论分子量，并与 GPC 实测分子量进行比较。

2. 分析[1]H NMR 谱图，指出各个吸收峰的归属。并由[1]H NMR 谱图计算产物平均聚合度。提示：δ 约 7ppm 处，为单体单元苯环的吸收，设其峰面积为 S_1；δ 约 4.5ppm 处为聚合物端基 [—CH(Ph)—Cl] 的吸收，其峰面积为 S_2，则数均聚合度 = $S_1/5S_2$。

四、思考题

讨论 ATRP 技术潜在的商业价值。

[实验三十四]　N-异丙基丙烯酰胺的 RAFT 可控自由基聚合

继 ATRP 之后，1998 年 Rizzardo 等报道了另一种可控/活性自由基聚合体系，即可逆加成-断裂链转移（Reversible Addition-Fragmentation Transfer，RAFT）自由基聚合。在传统的自由基聚合体系中，自由基浓度较高，容易发生自由基的终止反应，导致反应不可控。RAFT 是在 AIBN、BPO 等引发的自由基聚合体系中加入链转移常数高的特种链转移剂（RAFT 试剂），通常是双硫酯衍生物，使得增长自由基和该链转移剂之间进行退化转移，从而降低自由基的浓度，就有可能实现可控/活性自由基聚合。RAFT 自由基聚合的机理可表示如下：

$$I \longrightarrow R\cdot \overset{M}{\longrightarrow} P_n^{\cdot}$$

即引发剂（I_2）分解成初级自由基引发单体聚合生成链自由基 $P_n\cdot$，它与双硫酯链转移剂 S=C(Z)S—R 加成形成一种稳定的自由基中间体，该自由基中间体又可逆地碎裂出一新的自由基 R· 和大分子双硫酯 S=C(Z)S—P_n。R· 继续引发单体聚合形成链自由基 $P_m\cdot$，而生成的大分子双硫酯与初始的 RAFT 试剂（小分子双硫酯）由于具有相同的链转移特性，因此可以充当新一轮可逆加成-断裂链转移过程的链转移剂。经过足够的时间反应及平衡后，P_m 和 P_n 的分子量趋于相等，因此可得到窄分子量分布的聚合物。在传统自由基聚合中，不可逆链转移反应导致链自由基永远失活变成死的大分子。与此相反，在 RAFT 自由基聚合中，链转移是一个可逆的过程，双硫酯基团在链自由基（活性自由基）与大分子双硫酯（休眠自由基）之间迅速转移，使活性种与休眠种之间建立快速可逆的动态平衡，抑制了双基终止反应，从而实现对自由基聚合的控制。

RAFT 自由基聚合单体适用范围非常广，不仅适合于苯乙烯、（甲基）丙烯酸酯、丙烯腈等常见单体，还适合于丙烯酸、丙烯酰胺、苯乙烯磺酸钠等功能性单体。此外，在聚合工艺上 RAFT 聚合最接近传统的自由基聚合，不受聚合方法限制，因此它可能是最具工业化前景的可控自由基聚合之一。

本实验以 AIBN 为引发剂，2-(十二烷基三硫代碳酸酯基)-2-甲基丙酸为 RAFT 试剂，进行 N-异丙基丙烯酰胺可控自由基聚合。

一、主要药品与仪器

N-异丙基丙烯酰胺（NIPAM）　　　　　　　　　　　　　　　　1.697g

2-(十二烷基三硫代碳酸酯基)-2-甲基丙酸（DMPA）*	54.7mg
1,4-二氧六环	8mL
正己烷	50mL
安瓿瓶（约 10mL）	1 支
恒温油浴	1 套
注射器	若干

* 2-(十二烷基三硫代碳酸酯基)-2-甲基丙酸（DMPA）的结构为：

$$HO-\overset{O}{\overset{\|}{C}}-\underset{}{C}(CH_3)_2-S-\overset{S}{\overset{\|}{C}}-S-C_{12}H_{25}$$

二、实验步骤

1. 试剂处理

N-异丙基丙烯酰胺（NIPAM）用正己烷重结晶纯化。偶氮二异丁腈（AIBN）用甲醇重结晶。1,4-二氧六环在 CaH_2 存在下回流，新蒸使用。

2-(十二烷基三硫代碳酸酯基)-2-甲基丙酸（DMPA）可购买后直接使用，也可通过以下方法合成获得：在 500mL 三颈烧瓶中，加入正十二烷基硫醇 40.38g，丙酮 96.2g，三辛酰基甲基氯化铵（相转移催化剂）3.25g，在氮气保护下搅拌混合，用冰盐浴冷却至 10℃以下。搅拌下慢慢滴入 16.77g 的 50% NaOH 水溶液，滴加完毕后再搅拌 15min。将 15.21g 二硫化碳溶于 20.18g 丙酮并滴加到烧瓶中，此时反应液渐渐变成红色。10min 后加入 36.62g 三氯甲烷，接着滴加 80g 的 50% NaOH 水溶液，反应搅拌过夜。加入 300mL 蒸馏水，然后加入 50mL 浓盐酸使水溶液酸化。通入氮气，并剧烈搅拌，使丙酮挥发。反应液用布氏漏斗过滤，将滤饼置于 0.5L 异丙醇中搅拌 2h。把不溶物滤去，减压旋干滤液，所得固体用正己烷重结晶。

2. 聚合

将 1.697g（15mmol）NIPAM、54.7mg（1.5mmol）DMPA、2.5mg（0.15mmol）AIBN 和 5mL 1,4-二氧六环加入到安瓿瓶中，振荡使之充分溶解。用液氮冷却、抽真空、回充氮气，如此循环三次，最后在液氮冷却下真空封管。封闭的安瓿瓶放在 65℃油浴中反应 1h 后，取出置于冰水中冷却，打破安瓿瓶并加入 3mL 1,4-二氧六环稀释，清液倒入 50mL 正己烷沉淀聚合物，过滤、真空干燥，重量法计算单体转化率。

3. 产物表征

用 GPC 测定产物分子量及分子量分布（THF 作流动相，单分散性聚苯乙烯作标样，样品配制浓度约为 50mg 样品/4mL THF）；^1H NMR 表征产物结构。

三、思考题

如何计算产物的理论平均聚合度，又如何通过 ^1H NMR 谱图测定产物的平均聚合度。

参考文献

[1] 张洪敏，侯元雪. 活性聚合. 北京：中国石化出版社，1998.

[2] Higashimura T，Ishihama Y，Sawamoto M. *Macromolecules*，1993，**27**：747.

[3] 梁晖，卢江. 高分子科学基础. 北京：化学工业出版社，2006.

[4] 邹友思，戴李宗. 大学化学，1998，**13**（6）：36.

[5] Webster O W，Hertler W R et al. *J. Am. Chem. Soc.*，1983，**105**：5706.

[6] Wang J S and Mayjaszewski K. *J. Am. Chem. Soc.*，1995，**117**：5614.

[7] Stevens M P. *Polymer Chemistry*. 3rd ed. New York：Oxford University Press，1999.

第6章

高分子的化学反应[1]

　　高分子的化学反应具有重要意义，一方面可通过对高分子进行化学改性，提高其生物相容性、阻燃性、黏结力、耐水性等化学物理性能，也可在高分子上引入特定的功能基从而赋予聚合物特殊的功能，如离子交换树脂、高分子试剂及高分子固载催化剂、化学反应的高分子载体、在医药农业及环境保护方面具有重要意义的可降解高分子等等；另一方面利用高分子的化学反应还有助于了解和验证高分子的结构。

　　虽然高分子的功能基能与小分子的功能基发生类似的化学反应，但由于高分子与小分子具有不同的结构特性，因而其反应也表现出不同的特性：①并非所有功能基都能参与反应，因此反应产物的分子链既带有起始功能基，也带有新形成的功能基，不能将起始功能基和反应后功能基分离，因此很难像小分子反应一样可分离得到含单一功能基的反应产物，并且由于聚合物本身是聚合度不一的混合物，而且每条高分子链上的功能基转化程度也可能不一样，因此所得产物是不均一的、复杂的；②高分子的化学反应可能导致聚合物的物理性能发生改变，从而影响反应速率甚至影响反应的进一步进行。

　　高分子化学反应的影响因素包括物理因素和结构因素。

　　(1) 物理因素　对于部分结晶的聚合物，由于在其结晶区域（即晶区）分子链排列规整，分子链间相互作用强，链与链之间结合紧密，小分子不易扩散进晶区，因此反应只能发生在非晶区；聚合物的溶解性随化学反应的进行可能不断发生变化，一般溶解性好对反应有利，但假若沉淀的聚合物对反应试剂有吸附作用，由于使聚合物上的反应试剂浓度增大，反而使反应速率增大；

　　(2) 结构因素　由于高分子链节之间存在不可忽略的相互作用，因此聚合物本身的结构对其化学反应性能有影响，这种影响称为高分子效应，包括：①邻基效应，分为 a. 位阻效应，由于新生成的功能基的立体阻碍，导致其邻近功能基难以继续参与反应；b. 静电效应，邻近基团的静电效应可降低或提高功能基的反应活性。②功能基孤立化效应（概率效应），当高分子链上的相邻功能基成对参与反应时，由于成对基团反应存在概率效应，即反应过程中间或会产生孤立的单个功能基，由于单个功能基难以继续反应，因而不能100%转化，只能达到有限的反应程度。

　　高分子的化学反应可分为两大类：①聚合物的相似转变，聚合物仅发生侧基功能基转变，并不引起聚合度的明显改变；②聚合物的聚合度发生根本改变的反应，包括聚合度变大的化学反应（如嵌段、接枝和交联反应）和聚合度变小的化学反应（如降解与解聚）。

6.1　聚合物的功能基反应

　　这类高分子化学反应可概括为两类：①引入新功能基，重要的实际应用如聚乙烯的氯化与氯磺化、聚苯乙烯的功能化、离子交换树脂的合成等；②功能基转化，通过适当的化学反应将聚合物分子链上的功能基转化为其他功能基，常用来对聚合物进行改性，典型的应用如聚乙烯醇的合成及其缩醛化、纤维素的化学改性等。

[实验三十五]　聚乙烯醇的制备及其缩醛化制备 107 胶

由于不存在乙烯醇单体，因而聚乙烯醇（PVA）不能直接由单体聚合而成，而是由聚乙酸乙烯酯在酸或碱的作用下水解而成。在碱催化下的水解（醇解）又可分为湿法（高碱）和干法（低碱）两种。湿法是指在原料聚乙酸乙烯酯甲醇溶液中含有 $1\%\sim2\%$ 的水，碱催化剂也配成水溶液。湿法的特点是反应速度快，但副反应多，生成的乙酸钠多；干法是指聚乙酸乙烯酯甲醇溶液不含水，碱也溶在甲醇中，碱的用量少（只有湿法的 1/10）。干法的优点是克服了湿法的缺点，但反应速度慢。

聚乙酸乙烯酯醇解反应：

$$\text{+CH}_2\text{—CH}_{\overline{n}} \xrightarrow[\text{干法}]{\text{NaOH，CH}_3\text{OH}} \text{+CH}_2\text{—CH}_{\overline{n}} + n\text{CH}_3\text{COOCH}_3$$
$$\underset{\underset{\text{O}}{|}}{\overset{|}{\text{O—CCH}_3}} \qquad\qquad \underset{\text{OH}}{|}$$

$$\text{+CH}_2\text{—CH}_{\overline{n}} \xrightarrow[\text{湿法}]{\text{NaOH，CH}_3\text{OH}} \text{+CH}_2\text{—CH}_{\overline{n}} + n\text{CH}_3\text{COONa}$$
$$\underset{\underset{\text{O}}{|}}{\overset{|}{\text{O—CCH}_3}} \qquad\qquad \underset{\text{OH}}{|}$$

聚乙烯醇分子中含有大量的羟基，可进行醚化、酯化及缩醛化等化学反应，特别是缩醛化反应在工业上具有重要的意义，如对聚乙烯醇纤维进行缩醛化处理后，可得到具有良好的耐水性和机械性能的维尼纶。聚乙烯醇缩甲醛还可应用于涂料、黏合剂、海绵等方面。PVA 的缩丁醛产物在涂料、黏合剂、安全玻璃等方面具有重要的应用。

聚乙烯醇缩醛化反应：

$$\sim\text{CH}_2\text{—CH—CH}_2\text{—CH—CH}_2\text{—CH}\sim \xrightarrow[\text{H}^+]{\text{RCHO}} \sim\text{CH}_2\text{—CH—CH}_2\text{—CH—CH}_2\text{—CH}\sim$$
$$\underset{\text{OH}}{|}\quad\underset{\text{OH}}{|}\quad\underset{\text{OH}}{|} \qquad\qquad \underset{\text{O}}{|}\qquad\underset{\text{O}}{|}\qquad\underset{\text{OH}}{|}$$
$$\underset{\underset{\text{R}\quad\text{H}}{|\quad|}}{\overset{\diagdown\diagup}{\text{C}}}$$

一、主要药品与仪器

25％聚乙酸乙烯酯溶液	40g
6％ NaOH 甲醇溶液	100mL
10％ PVA-1799 水溶液	80mL
10％盐酸	
36％甲醛溶液	4mL
1∶2 氨水	

250mL 四颈瓶	1个
搅拌器	1套
冷凝管	1支
滴液漏斗	1个
滴管	若干支
恒温水浴	1套

二、实验步骤

1. 聚乙烯醇的制备

在装有搅拌器、冷凝管、温度计和滴液漏斗的四颈瓶［如图 1-1(b)］中加入 100mL 6％ NaOH 甲醇溶液，在室温下缓慢滴加 25％的聚乙酸乙烯酯甲醇溶液 40g，约在 0.5h 内滴完。继续在室温下搅拌反应 2h 后，停止反应，抽滤，沉淀用工业乙醇洗涤三次，于 50℃下真空干燥得产物，计算产率。

2. 聚乙烯醇缩醛化制备 107 胶*

在装有搅拌器、冷凝管、温度计和滴液漏斗的四颈瓶［如图 1-1(a)］中加入 80mL 的 10％ PVA 溶液，加热至 80℃，在不断搅拌下由温度计口用滴管滴加 10％ 盐酸调节 pH 值至 1～2，然后约在 0.5h 内由滴液漏斗慢慢滴加 36％ 甲醛溶液 4mL，继续反应 0.5h 后冷却至 60℃，用 1∶2 氨水调节 pH 值至 8～9 得产品。称取约 5g 产品于表面皿中，烘干，计算固含量。

*温度、pH 值和甲醛滴加速度是反应成败的关键，若温度过高、pH 值过低、甲醛滴加过快都可能导致局部缩醛度过高而产生沉淀。

三、思考题

聚乙烯醇的缩醛化反应，最多只能有约 80％的—OH 能缩醛化，为什么？

［实验三十六］ 聚乙烯醇缩丁醛的制备及其
安全玻璃应用试验[2]

一、主要药品与仪器

新蒸正丁醛*	3.3g
10％ PVA-1799 水溶液	50g
浓硫酸	0.3g
50％硫酸	1.0g
甲醇	20mL
250mL 三颈瓶	1个
搅拌器	1套
冷凝管	1支
滴液漏斗	1个
恒温水浴	1套

*正丁醛气味较重，实验操作必须在通风橱中进行。

二、实验步骤

1. 聚乙烯醇缩丁醛的制备

在装有搅拌器、冷凝管和滴液漏斗的三颈瓶中加入 3.3g 新蒸正丁醛；取 50g 10% PVA 溶液加入 0.3g 浓硫酸，预热至 65℃，加入滴液漏斗在约 2min 内滴入三颈瓶中。在此过程中注意保持良好搅拌，同时避免因搅拌过快而使反应液溅到反应瓶壁上。随着 PVA 溶液的加入可即刻观察到产物沉淀的生成。PVA 溶液滴完后，加入 1g 50% 的硫酸，将反应混合物在 50～55℃继续反应 1h，冷却至室温后过滤，滤饼水洗至中性。将产物复溶于甲醇，倒入水中再沉淀，过滤，40℃真空干燥，计算产率。

2. 安全玻璃应用试验

取少量聚乙烯醇缩丁醛甲醇溶液涂敷于小块玻片上，让其自然挥发成膜。敲击覆膜玻片，观察比较其与未覆膜玻片在被击碎时的不同表现。

三、思考题

1. 在 PVA 溶液的滴加过程中为什么要避免反应液溅到瓶壁？
2. 聚乙烯醇缩丁醛能应用于安全玻璃的原因是什么？

［实验三十七］ 聚丙烯腈的部分水解反应

聚丙烯腈（PAN）的水解过程以大分子功能团反应为主，PAN 分子链上含有氰基（—C≡N），它是一活泼基团，能发生许多化学反应，水解反应是研究得比较多的反应之一。PAN 水解过程中，在热、氧和机械搅拌作用下，在氰基水解的同时，聚合物主链也会不同程度地发生断链，使分子量下降，PAN 可在酸性、碱性和高温加压条件下水解，分别得到含有不同组分的水解产物。水解产物具有絮凝及稳定作用，可作石油钻井泥浆稳定剂。

本实验采用碱性条件下水解，聚丙烯腈的部分水解产物含有酰胺基（—CONH$_2$）、羧钠基（—COONa）及少量氰基（—CN）。几种功能团的含量随着碱的用量、反应时间及反应温度等条件的变化而有所不同。

一、主要药品与仪器

氢氧化钠	6.1g
聚丙烯腈粉末（约 40 目）	10g
蒸馏水	190mL
250mL 三颈瓶	1个
冷凝管	1支
搅拌器	1台
200mL 量筒	1支
250mL 烧杯	2个
250mL 三角锥瓶	1个
温度计（0～100℃）	1支

二、实验步骤

1. 水解

在装有搅拌器、回流冷凝管和温度计的三颈瓶中加入 6.1g NaOH，190mL 蒸馏水，开动搅拌，待 NaOH 完全溶解后，小心地加入 10g 经粉碎（约 40 目）的 PAN 粉末，加热升温至 96～98℃（内温），反应物从白色变为棕红色，并逐步溶胀，有氮气放出，随着反应的进行，体系变为橙色，均相。继续反应 3h 后停止反应，将产物倒入 250mL 三角锥瓶中备用。

2. 红外光谱分析

取 20mL 水解产物加稀盐酸调节 pH 值至 3～4，可观察到白色沉淀产生，抽滤，并用甲醇洗涤沉淀物 4 次，将沉淀物 50℃ 真空干燥至恒重。取 PAN 用 N,N-二甲基酰胺为溶剂，甲醇为沉淀剂进行纯化，然后烘干至恒重。将经纯化、恒重的 PAN 和 PAN 水解产物进行红外光谱分析，对比其谱图中吸收峰的变化，并确定水解产物所含的官能团。

三、思考题

1. 为什么聚丙烯腈可以水解？需要什么条件？
2. 试比较 PAN 和 PAN 的水解产物的性质有什么不同？
3. 用哪种方法可以测定部分水解 PAN 的水解度？

[实验三十八]　溶剂对淀粉羧甲基化反应的影响[3]

羧甲基淀粉钠，又称羧甲基淀粉或羧甲基淀粉醚，简写为 CMS，它是一种重要的改性淀粉，其物理化学性质与羧甲基纤维素（CMC）相似，外观比 CMC 更加均匀细腻，生产成本更低，具有良好的水溶性、溶液透明性、保水性、高黏度、高酸代度和增稠性、乳化性、黏合性等性能，无毒无味，是一种新型的增稠剂、稳定剂和品质改良剂，在食品、造纸、纺织、黏合剂、化工医药和其他工业中的应用愈来愈广[4~6]。CMS 的合成方法主要有有机溶剂法、水媒法、半固法和固法等[6]，其中有机溶剂法可使反应物料始终为颗粒状态，避免淀粉发黏结块，可使醚化反应进行充分且比较均匀，所得产品含杂质较少。本实验采用有机溶剂法。

CMS 是由淀粉与 $CH_2ClCOOH$ 在碱性条件下发生双分子亲核取代反应而制得，反应可分为膨化和醚化两个阶段，其基本反应可示意如下：

膨化反应：

$$[C_6H_9O_4(O\!-\!H)]_n + nNaOH \longrightarrow [C_6H_9O_4(O\!-\!Na)]_n + nH_2O$$

$$ClCH_2CO_2H + NaOH \longrightarrow ClCH_2COONa + H_2O$$

醚化反应：

$$[C_6H_9O_4(O\!-\!Na)] + ClCH_2CO_2Na \longrightarrow C_6H_9O_4OCH_2COONa + NaCl$$

除主反应外，$CH_2ClCOOH$ 还可与 NaOH 发生如下副反应：

$$ClCH_2CO_2H + 2NaOH \longrightarrow HOCH_2COONa + NaCl + H_2O$$

为抑制该副反应的发生，宜采用两次加碱法：一部分用于淀粉的预处理，使淀粉充分溶胀；一部分与 $CH_2ClCOOH$ 混合，以滴加方式加入反应体系。

一、主要药品与仪器

淀粉	25g
氯乙酸	7g
NaOH	7.4g
异丙醇	
乙醇	
四颈瓶	1个
搅拌器	1套
冷凝管	1支
滴液漏斗	1个
恒温水浴	1套

二、实验步骤

1. 羧甲基淀粉的合成

在带有搅拌和回流装置、温度计、滴液漏斗的四颈瓶［如图 1-1(b)］中加入 50mL 乙醇/异丙醇混合溶剂和 4.44g NaOH 充分搅拌均匀后，在搅拌下分批加入 25g 淀粉，控制反应温度在 60～70℃下进行碱前处理约 0.5h。将余下的 2.96g NaOH 溶于尽量少的水中后，缓慢加入溶有 14.5g $CH_2ClCOOH$ 的 30mL 混合溶剂中混合均匀后加入滴液漏斗，在搅拌下于 30min 内滴入四颈瓶中进行反应，期间保持反应温度在 60～70℃。反应 3h 后，冷却抽滤，用乙醇洗涤，得粉末状产品，将粗产品溶于适量的蒸馏水中，边搅拌边慢慢倒入到甲醇中沉淀，抽滤，先用乙醇，再用丙醇洗涤 2～3 次，抽滤得白色粉末状的产品，真空干燥得产品。

2. 取代度测定

取代度是衡量羧甲基淀粉性能的重要指标之一，可采用酸碱滴定法测定羧甲基淀粉钠（CMS）的取代度。先将 CMS 用 10％的稀盐酸酸化转变为酸型（即 HCMS），然后把过量的 HCl 洗掉，真空干燥得酸化的 HCMS 产品。将 HCMS 溶解在过量的标准 NaOH 溶液中，然后以酚酞为指示剂用标准酸返滴定，从返滴定的标准酸的消耗量计算出试样中—OCH_2COOH 的毫摩尔数 B，则取代度（DS，Degree of Substitution）为[7]：

$$DS = 0.162B/(1-0.058B)$$

其中，0.058 是 1mmol 的—OH 转变为—OCH_2COOH 所净增的分子量。

改变混合溶剂组成，重复以上实验。记录不同溶剂组成条件下，所得羧甲基淀粉的取代度，作出取代度-异丙醇含量曲线并解释之。

	溶剂组成(乙醇/异丙醇)(V/V)			
	100/0	50/50	25/75	0/100
取代度				

注：NaOH 与 $CH_2ClCOOH$ 反应放热剧烈，因此宜将 NaOH 溶液缓慢地滴加到氯乙酸溶液中。

三、思考题

酸化后的羧甲基淀粉如果加热干燥，会发现先变潮、最后凝结为坚硬的颗粒，其可能的原因是什么？

6.2　接枝反应

聚合物的接枝反应是指在高分子主链上连接支链，可分为三种基本方式：①在高分子主链上引入引发活性中心引发第二单体聚合形成支链，包括链转移反应法、大分子引发剂法和辐射接枝法；②通过功能基反应把带末端功能基的支链连接到带侧基功能基的主链上；③大分子单体法。

链转移反应法在生成接枝聚合物的同时，难以避免地同时生成第二单体的均聚物，接枝率一般不高，常用于聚合物改性，特别适合于不需分离接枝聚合物的场合，如制造涂料、胶黏剂等。

辐射接枝法是利用高能辐射在聚合物链上产生自由基引发活性种，是应用广泛的接枝方法之一。如果单体和聚合物一起加入时，在生成接枝聚合物的同时，单体也可因辐射而均聚。因此必须小心选择聚合物与单体组合，一般选择聚合物对辐射很敏感，而单体对辐射不很敏感的接枝聚合体系。此外，为了减少均聚物的生成，可采用先对聚合物进行辐射，然后再加入单体。

大分子引发剂法的引发基团可以是自由基、阴离子或阳离子。阳离子接枝聚合反应易发生向单体的脱质子链转移反应导致均聚物的生成，为了提高接枝率可在体系中加入"质子阱"或 Lewis 碱等抑制向单体的链转移反应。由于阴离子聚合一般无链转移反应，因此可避免均聚物的生成，获得高的接枝效率。

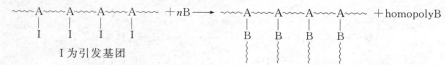

I 为引发基团

功能基偶联法是通过功能基反应把带末端功能基的支链接到带侧基功能基的主链上。该方法与以上几种方法相比，其支链结构可预先设计合成和表征，因而结构明确，缺点在于当聚合物分子量较大时，末端功能基浓度低，反应速度慢，而且两聚合物间可能存在的相容性问题也会影响接枝反应的顺利进行，此外位阻效应也会影响到接枝反应的产率。

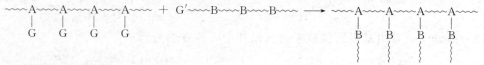

G 和 G′可相互反应形成连接。

大分子单体法则通过含末端聚合基团的大分子单体的均聚或共聚反应获得以起始大分子为支链的接枝共聚物。该方法可克服以上几种方法的缺点，是最有效的合成接枝聚合物的方法。

[实验三十九] 丙烯腈-丁二烯-苯乙烯接枝 共聚物（ABS 树脂）的合成

ABS 树脂是以聚丁二烯或丁二烯-苯乙烯共聚物为主链，丙烯腈-苯乙烯共聚物为支链的接枝共聚物。它既具有聚苯乙烯的刚性、易加工成型的优点，又有聚丁二烯的柔软链，具有较高的抗冲击性能，还有聚丙烯腈较好的耐热性与耐油性等特点，因此 ABS 树脂具有优良的综合性能。单体组成是影响共聚物性能的重要因素之一，一般丙烯腈的用量在 20%～30%，丁二烯在 6%～35%，苯乙烯在 45%～70%。

ABS 的合成工艺可有本体法、本体-悬浮法、乳液-本体法和乳液法等。目前使用最广泛的方法是乳液法。

ABS 树脂由于具有优良的抗冲击强度、抗蠕变性、弯曲性及表面硬度，且价格便宜，可通过调节三种组分的比例获得不同性能的产物，因此 ABS 树脂品种很多，用途广泛，是最重要的通用工程塑料之一。

乳液法合成 ABS 树脂是一种链转移接枝反应法，其反应过程可示意如下：

（1）引发剂分解产生初级自由基

$$I \xrightarrow{\triangle} R\cdot$$

（2）初级自由基进攻高分子链

a. 在双键上加成

$$R\cdot + \text{～CH}_2\text{—CH==CH—CH}_2\text{～} \longrightarrow \text{～CH}_2\text{—CH—CHCH}_2\text{～}$$
$$\underset{\text{R}}{|}$$

$$R\cdot + \text{～CH}_2\text{—CH～} \longrightarrow \text{～CH}_2\text{—CH～}$$
$$\underset{\text{CH==CH}_2}{|} \qquad \underset{\overset{\cdot}{\text{HC}}\text{—CH}_2\text{R}}{|}$$

b. 攻击 α-H，发生链转移

$$R\cdot + \text{～CH}_2\text{—CH==CH—CH}_2\text{～} \longrightarrow RH + \text{～}\overset{\cdot}{\underset{\text{H}}{\text{C}}}\text{—CH==CH—CH}_2\text{～}$$

$$R\cdot + \text{～CH}_2\text{—CH～} \longrightarrow RH + \text{～CH}_2\text{—}\overset{\cdot}{\text{C}}\text{～}$$
$$\underset{\text{CH==CH}_2}{|} \qquad \qquad \underset{\text{CH==CH}_2}{|}$$

（3）高分子链自由基引发接枝聚合（以其中一种方式为例）

$$\text{～}\overset{\cdot}{\underset{\text{H}}{\text{C}}}\text{—CH==CH—CH}_2\text{～} + \text{CH}_2\text{==CH} + \text{CH}_2\text{==CHCN} \longrightarrow ABS$$

（4）初级自由基引发单体共聚

$$R\cdot + \text{CH}_2\text{==CH} + \text{CH}_2\text{==CHCN} \longrightarrow AS \text{ 均共聚物}$$

可见反应过程中，单体既可参与接枝共聚反应，也可参与均共聚反应，参与两种反应的比例不同，所得树脂的性能也不同。可用接枝效率来表征单体参与两种反应的比例：

$$接枝效率＝（已接枝单体的质量/已聚合单体的质量）×100\%$$

为得到反应的接枝效率，必须将反应产物中的接枝共聚物和 AS 共聚物及未接枝的橡胶进行分离，分离方法是基于它们在溶解性上的差别，常用的有选择溶解法和选择沉淀法。

选择溶解法是利用不同溶剂处理反应产物，将体系中的三个组分逐个选择性地溶解出来，这种方法对分离物理性质差别明显的组分很有效。

选择沉淀法是以不同的沉淀剂与在不同溶剂中的反应产物溶液作用，使接枝共聚物仍然保留在溶液中而使 AS 共聚物与起始共聚物逐个沉淀出来。

典型的分离方法可示意如下：

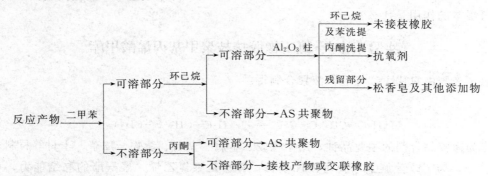

一、主要药品与仪器

丁苯胶乳（或聚丁二烯胶乳）	10.5g
丙烯腈	5.1g
苯乙烯	18.4g
$(NH_4)_2S_2O_8$	0.35g
$NaHSO_3$	0.175g
硬脂酸钾	0.21g
明矾、盐酸	
水	105g
三颈瓶（250mL）	1个
搅拌器	1套
冷凝管	1支
抽滤装置	1套
恒温水浴	1套

二、实验步骤

反应装置如图 1-1(a) 所示，把胶乳加到三颈瓶中，在不断搅拌下依次加入乳化剂硬脂酸钾、单体丙烯腈及苯乙烯、2/3 的蒸馏水，继续搅拌 0.5h，以使单体能充分地向胶乳粒子内部扩散，加热升温，待温度升至 65℃，加入分别用水溶解好的引发剂过硫酸钾和亚硫酸氢钠溶液，用 NaOH 调节 pH 值为 9～11，保持在 65℃反应 7h。在此期间，为维持乳液的稳定性，需每隔一定时间检测体系的 pH 值，并用 NaOH 进行调节。

单体转化程度的检测：用吸管吸取少量反应物，置于试管中，用蒸馏水稀释 20 倍以上，然后加入盐酸溶液，使胶乳胶凝，如果反应未完成，胶凝后上层溶液为白色混浊，如果单体已转化完全，则上层溶液为澄清。

反应完成后，将反应物倒入大烧杯中，用水稀释 8 倍，在搅拌下加入盐酸使胶乳胶凝，为使过滤更容易，可将已胶凝的反应物加热至沸腾，使乳液彻底破坏，为使沉淀粒子变大，可重复操作多次。过滤，洗涤至滤液呈中性，干燥，得到白色粉末状产物。

将产物分离，计算接枝效率。

三、思考题

查阅文献回答，共混法和接枝共聚法制备的 ABS 树脂在性能上有什么差别？接枝共聚的最根本的作用是什么？

［实验四十］ 氯丁橡胶接枝聚甲基丙烯酸甲酯

氯丁橡胶由氯代丁二烯经乳液聚合制得：

$$nH_2C=CH-\overset{\overset{\displaystyle Cl}{|}}{C}-CH_2 \longrightarrow \overline{\;(H_2C-CH=\overset{\overset{\displaystyle Cl}{|}}{C}-CH_2)\;}_n$$

作为橡胶黏合剂的主要品种，用于橡胶、金属、塑料、织物、皮革、木材等材料之间的粘接[8]。为了改善氯丁橡胶对极性基材，特别是聚氯乙烯、聚氨酯的黏结能力，可通过极性单体甲基丙烯酸甲酯（MMA）接枝共聚改性[9]。

接枝共聚反应一般在甲苯或甲苯与乙酸乙酯的混合溶剂中进行，用过氧化苯甲酰（BPO）为引发剂。其过程为自由基聚合反应。首先是引发剂分解生成初级自由基，初级自由基引发 MMA 均聚形成链自由基。初级自由基和链自由基都可向体系中的氯丁橡胶主链分子链转移，形成主链自由基，再引发 MMA 聚合，形成 MMA 支链大分子[10]：

$$R\cdot + \overline{\;(CH_2-CH=\overset{\overset{\displaystyle Cl}{|}}{C}-CH_2)\;}_n \longrightarrow \overline{\;(\overset{\displaystyle\cdot}{C}H-CH=\overset{\overset{\displaystyle Cl}{|}}{C}-CH_2)\;}_n + RH$$

$$\overline{\;(\overset{\displaystyle\cdot}{C}H-CH=\overset{\overset{\displaystyle Cl}{|}}{C}-CH_2)\;}_n \xrightarrow{\;MMA\;} \overline{\;(\overset{\underset{\displaystyle MMA}{|}}{C}H-CH=\overset{\overset{\displaystyle Cl}{|}}{C}-CH_2)\;}_n$$

一、主要药品与仪器

氯丁橡胶（A90）	18.7g
甲基丙烯酸甲酯（MMA）	9.3g
过氧化苯甲酰（BPO）	67mg
甲苯	140mL
250mL 四颈瓶	1 只
对苯二酚	50mg
冷凝管	1 只
滴液漏斗	1 只

搅拌器　　　　　　　　　　　　1 套

恒温浴

二、实验步骤

1. 接枝反应

将 18.7g 氯丁橡胶、140mL 甲苯加到配有搅拌器、冷凝管、温度计、通 N_2 管的四颈瓶 [如图 1-3(a)] 中，开动搅拌，向体系通 N_2 排 O_2，并在 N_2 保护下加热至 40～50℃，待氯丁橡胶全部溶解后升温至 85℃，恒温后将温度计换成滴液漏斗，由滴液漏斗滴加 0.067g BPO 与 9.3g MMA 的混合物，1.5h 内滴完，然后继续反应 1.5h，此时可观察到体系黏度显著增大。冷却后加入 50mg 的阻聚剂对苯二酚，停止反应。

2. 单体转化率测定

称取少量反应产物（约 2.0g）于 70℃ 真空干燥至恒重，以除去溶剂和未反应单体，计算单体转化率。

3. 接枝效率的测定

称取一定量（w_1）经干燥的接枝产物，置于索氏抽提器中，以丙酮抽提 12h，以除去 MMA 均聚物。然后，在 70℃ 真空干燥至恒重（w_2），结合之前测定的单体转化率计算接枝效率。

4. 结构表征

抽提后的产物经 THF 溶解后，采用涂膜法进行红外光谱测定，观察是否有聚甲基丙烯酸甲酯支链的特征吸收峰存在。

三、思考题

1. 试讨论影响接枝效率的因素有哪些？

2. 除了本实验采用的抽提法外，接枝效率还可以通过什么方法测定。

[实验四十一]　聚苯乙烯的氯甲基化及其与聚苯乙烯阴离子活性链的接枝反应

带末端功能基的高分子和带侧基功能基的高分子之间的功能基偶联反应是合成接枝聚合物的重要方法之一，如果末端功能化聚合物为活性聚合所得的活性链时，由于活性聚合在聚合物分子结构控制方面的优势，可精确地控制支链高分子的分子量大小及其分布，因而在控制接枝聚合物的结构，进而控制接枝聚合物的性能方面具有独特的优势。其中的活性聚合又以阴离子聚合最常用。

本实验首先利用苯乙烯阴离子活性聚合获得可控分子量与分子量分布的聚苯乙烯主链，然后进行氯甲基化反应，获得侧基功能化聚苯乙烯，再使之与聚苯乙烯阴离子活性链偶联获得梳形的接枝聚合物。

利用活性链和侧基功能化高分子之间的偶联反应合成接枝聚合物的关键是适当地控制反应条件，避免副反应，从而获得高的接枝效率。本实验中影响接枝效率的副反应主要是活性链所带抗衡金属离子与氯甲基之间的金属-卤原子交换反应[11]，为抑制该副反应，提高接枝效率，可在接枝反应前用 1,1-二苯基乙烯（DPE）对聚苯乙烯活性链进行封端，降低末端阴离子的反应活性[12]。也可添加有机胺 $N，N，N'，N'$-四甲基乙二胺起到抑制交换副反应的作用[13]。此外接枝反应的溶剂性质、反应温度等对接枝效率也有一定的影响[12a]。特别要注意的是由于水可使阴离子活性链终止，因此需对氯甲基化聚苯乙烯进行严格的除水处理，如果除水效果不好，将严重地影响接枝效率。

合成路线示意如下：

Ⅰ. 苯乙烯阴离子活性聚合

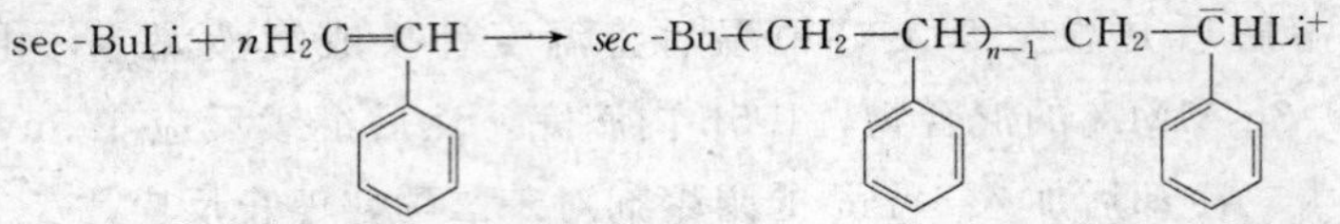

Ⅱ. 聚苯乙烯氯甲基化

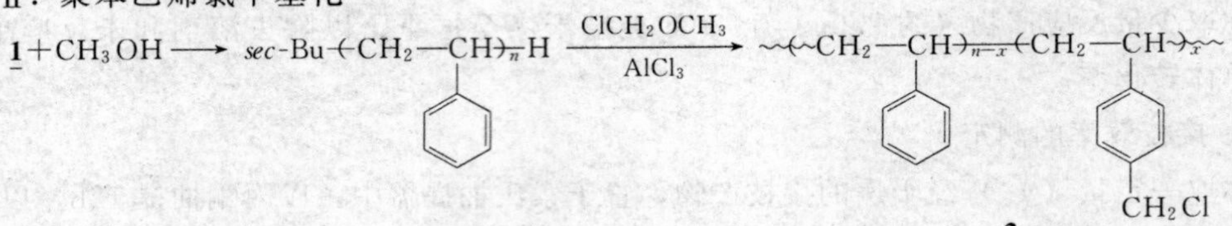

Ⅲ. DPE 封端

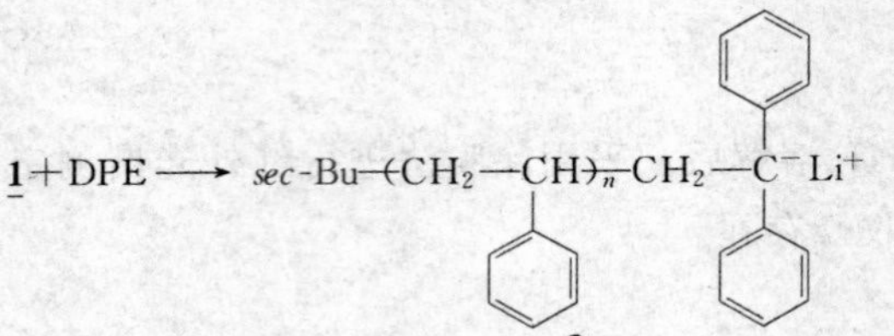

Ⅳ. 接枝反应

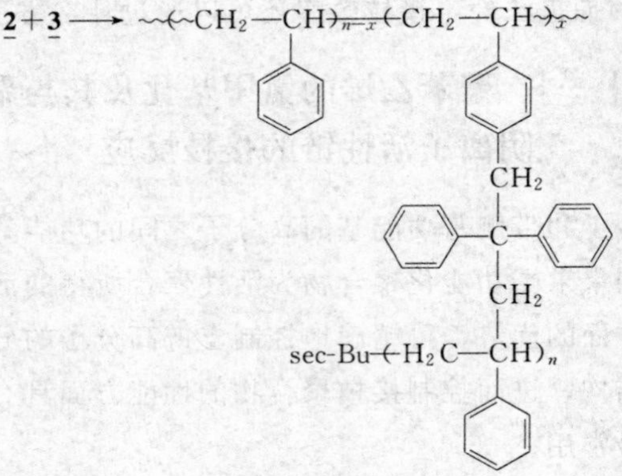

一、主要药品与仪器*

苯乙烯	8g
1,1-二苯基乙烯（DPE）	1.2mmol
苯	250mL
四氢呋喃	200mL
正丁基锂	1.6mmol
四氯化碳	250mL

氯甲基甲基醚（CMME）	25mL
AlCl$_3$	1.5g
1-硝基丙烷	50mL
250mL 双颈瓶	3 个
500mL 圆底烧瓶	1 个
滴液漏斗	2 个
磁力搅拌器	1 套

* 苯乙烯使用前加 CaH$_2$ 减压蒸馏两次；DPE 加少量正丁基锂减压蒸馏；苯、四氢呋喃加金属钾和二苯甲酮在氮气保护下新蒸使用；四氯化碳加 P$_2$O$_5$ 新蒸使用。

二、实验步骤

1. 苯乙烯的阴离子活性聚合

聚合反应在一带三通活塞、磁力搅拌的 250mL 双颈瓶中进行 [反应装置如图 1-4 (b)]，整套装置经严格的除水除氧处理后，在氮气保护下用注射器分别向烧瓶中加入 100mL 苯、4g 苯乙烯，开动搅拌，加入 0.8mmol 的正丁基锂引发聚合反应，反应在室温下进行，反应 4h 后，加入 1mL 经除氧处理的甲醇终止聚合反应。将反应物倒入甲醇中沉淀，过滤，再经复溶-沉淀纯化处理。所得聚合物真空干燥，作 GPC 测试。

2. 聚苯乙烯的氯甲基化反应

在 500mL 圆底烧瓶中加入 250mL 干燥的 CCl$_4$，取 2.5g 上述聚苯乙烯加入反应瓶中搅拌溶解后，加入 25mL 氯甲基甲基醚（CMME），然后加入溶有 1.5g AlCl$_3$ 的 50mL 1-硝基丙烷，在室温下搅拌 30min 后，加入 5mL 冰乙酸终止反应，旋转蒸发除去溶剂，所得聚合物溶于 CHCl$_3$，用 50%（V/V）的冰乙酸萃取 3 次后，倒入甲醇中沉淀。过滤，甲醇洗涤，在 P$_2$O$_5$ 存在下真空干燥过夜留待下步反应使用。

取少量样品作 ^{1}H NMR 测试，计算氯甲基化程度（摩尔分数）。另取少量样品作 GPC 测试。

3. 接枝反应

接枝反应在一带三通活塞、滴液漏斗、磁力搅拌的 250mL 双颈瓶中（反应装置如图 4-2）、氮气保护下进行，反应温度为 0℃。

（1）不加 DPE 将氯甲基化聚苯乙烯 [1.2mmol—CH$_2$Cl，即—CH$_2$Cl 含量约为活性链的 150%（摩尔分数）] 溶于 30mL THF。按步骤 1 方法和配比在双颈瓶中先进行苯乙烯活性聚合，室温反应 4h 后，加入 70mL THF，冷却至 0℃，然后在 30min 内将氯甲基化聚苯乙烯溶液缓慢地滴入，滴完后继续反应 30min，然后加入 0.5mL 甲醇终止。反应物经旋转蒸发浓缩后，倒入甲醇中沉淀，然后复溶再沉淀提纯得接枝产物 a。取少量样品作 GPC 测试。由接枝聚合物和副产物的峰面积之比计算接枝效率。

（2）加 DPE 在苯乙烯活性聚合完成后，加入溶解有 1.2mmoL DPE 的 70mL THF，其余与（1）相同。经常规处理后得接枝产物 b。产物经提纯处理后，取少量样品作 GPC 测试。计算接枝效率*。

* 可用甲苯-甲醇混合溶剂对接枝产物进行级分获得纯的接枝聚合物。

三、思考题

比较氯甲基聚苯乙烯、接枝产物 a 和 b 的 GPC 曲线并加以讨论。

6.3　光交联固化反应

在第 2 章中对逐步聚合预聚体的交联固化作了较多介绍，本章则主要介绍具有重要应用价值的光交联固化反应。

狭义的光聚合是指烯类单体在一定波长光的作用下的聚合反应，广义的光聚合还包括高分子（或高分子和单体的混合体系）的光交联、光接枝等。光引发的主要类型有两种：直接光引光和通过光敏剂或光引发剂的间接光引发[1]。

（1）直接光引发　烯类化合物如苯乙烯、丙烯腈、丙烯酸、丙烯酸酯等，吸收一定波长的光量子后成为激发态，然后分解成两个自由基引发聚合反应。由于紫外光的波长在 $200\sim395$ nm 范围，其能量正好在有机化合物键能范围内，因此，能提供紫外光的高压汞灯常作为光聚合的光源。一般来说，直接光引发聚合速度较慢，效率较低。

（2）光敏引发　光敏剂如二苯甲酮和各种染料等受光照首先激发，进而再以适当的频率将吸收的能量传给烯类单体，产生自由基引发聚合。若用 Z 和 M 代表光敏剂和单体，Z^* 和 M^* 代表它们的激发态，其过程可示意为：

$$Z \xrightarrow{h\nu} Z^*$$
$$Z^* + M \longrightarrow M^* + Z$$
$$M^* \longrightarrow R^1 \cdot + R^2 \cdot$$

光敏剂的加入，可增加对光能吸收的量子效率，与直接光引发相比聚合速度显著增加，同时还扩大了光的吸收范围。

（3）引发剂的光分解引发　引发剂分子吸收光能后发生断键反应，生成的自由基引发聚合反应。如常见的安息香类光引发剂的光分解：

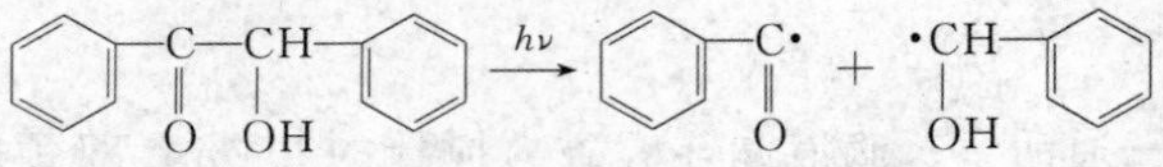

除了自由基光聚合之外，光聚合也可以通过阳离子聚合机理进行，最重要的阳离子引发剂是二苯碘鎓盐和三苯硫鎓盐。阳离子光引发剂和自由基光引发剂可混合使用，由于协同效应，可提高引发效率和光聚合速率。

光聚合反应不但具有重要的学术意义，而且通过光聚合反应所得到的感光高分子材料具有巨大的应用价值，已广泛地应用于黏合剂工业、涂料工业、印刷工业、微电子工业、信息产业等领域，并使这些领域在技术方面产生重大的革新[14,15]。例如，在印刷工业，感光树脂版代替传统的铅字排版，实现了全自动化操作；光刻胶应用于大规模、超大规模集成电路的制备，实现了现代计算机的微型化和智能化。

[实验四十二]　丝网印刷

丝网印刷是用敷料器，强迫油墨或涂料通过丝网的网孔，印于制品的表面上。丝网印刷的关键在于感光制版，其原理是将丝网上的水溶性感光高分子液体涂层，经光通过有图像的底片或掩膜曝光后，感光部分交联固化，未感光部分仍具有水溶性，可用水溶解冲洗显影，留下漏空的网孔，在印刷时油墨可顺利通过而黏附于被印物体上。但感光固化部分则成为交联的高分子膜层，不溶于水而留在网孔上，油墨不能通过。

丝网印刷感光制版用的感光胶早先是由一些天然高分子如明胶、动物蛋白胶等添加重铬酸盐光敏剂组成。因对外界环境适应性差，其中的亲水胶已被合成聚合物如聚乙烯醇（PVA）等代替。这种重铬酸盐-PVA 感光体系成本低廉，但仍存在着储存寿命短、感度低的缺点，加上铬的公害问题，近年来逐渐被 PVA-重氮盐感光体系所代替，其光固化交联反应如下[16]：

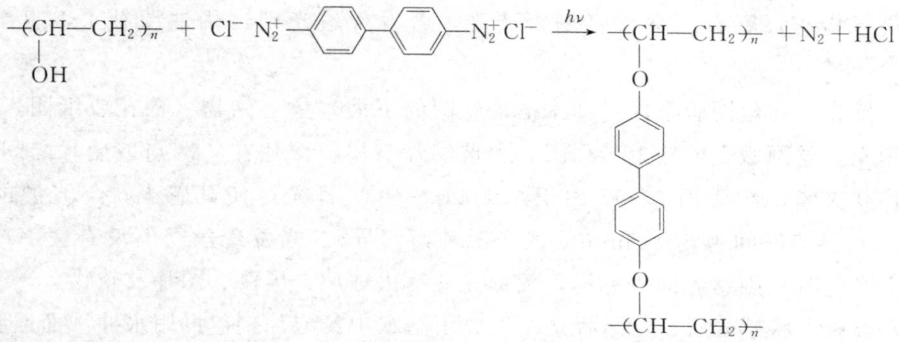

推测其过程是光照后重氮盐分解产生自由基和阳离子，它们夺取 PVA 羟基上的氢，进而形成带醚键的交联结构。考虑到热稳定性的因素，目前实际上使用的是对重氮二苯胺盐与多聚甲醛的二聚或三聚缩合物，即重氮树脂，其性质稳定，结构如下：

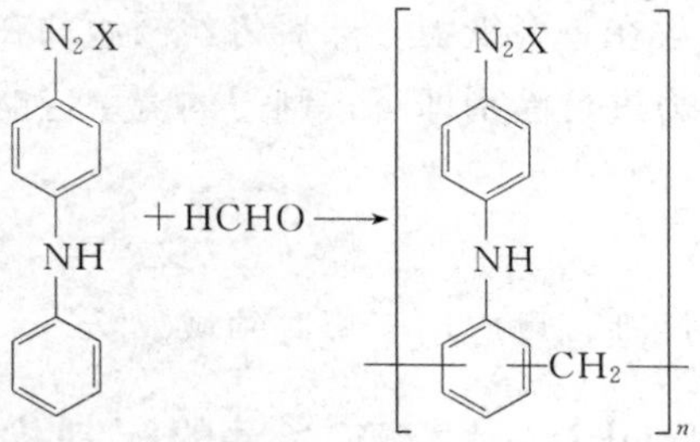

丝网印刷既适用平、曲面塑料制品，也可用于服装、装饰材料、电路板等，并可以套印。本实验包括丝网版的制作和塑料印刷两部分。

一、主要药品与仪器

PVA-重氮树脂感光胶

硬 PVC 透明片

塑料专用油墨（黑色）

橡胶刮刀	1 只
电烘箱	1 台
感光箱（照明用）	1 台
尼龙丝网带（200 目）	1 块
木框	1 个

二、实验步骤

1. 丝网感光版的制作

（1）上网　将丝网带绷紧贴合在木框上，然后用图钉将其固定。注意使整块丝网应平整地、绷紧地贴合在木架上。

（2）涂感光胶　在暗室中，将丝网版以60°左右的倾斜角放在瓷盆上，在丝网上倒上感光胶，用橡胶刮刀由下而上进行涂刮几次，力求感光胶均匀地分布在丝网上，若发现感光胶渗透到网带的背面，翻过来用橡胶刮刀进行涂刮。涂完后用电吹风热风吹干，风温应低于60℃，放在暗处待用。

（3）墨稿图片的制作　在硬PVC透明片上，用黑色油漆绘上图案或写上字，待其干燥后再进行检查，察看图案或字是否透光，若发现透光则再用油漆补上，直至不透光为止。

（4）感光　在丝网版下面（即木框中丝网的下面）垫上软物（棉花或纸团），以防止从底面曝光，丝网版上面覆上墨稿图片和玻璃片（墨稿图片在丝网与玻璃片之间），周围用铁夹将其夹紧，然后用250W白炽灯或20～40W日光灯使其感光，与光源的距离为20～30cm，感光时间为5～15min（视光源种类而异）。当发现丝网上没有文字或图案的地方完全变色时，则感光即告完毕，关掉光源移去玻璃、墨稿、图片及软物。

（5）显影　将感光后的丝网版立即投放于温水中浸泡片刻，再用水冲洗面层胶液，并可用涤纶棉边冲边轻擦。冲一二分钟后可看到丝网上原来图片的黑色部分即未感光部分溶于水而被水冲掉。用干布或棉纱轻轻吸去上面的水分，再用电吹风吹干（温度为40～50℃）。

2. 印刷

将要印刷的塑料薄膜平放在一叠纸上，然后将丝网版放在薄膜上，在丝网上倒上适量油墨，用橡胶刮刀以均匀的力进行涂刮即可（刮刀的宽度应略大于图案的宽度，以便一次能完成）。

三、思考题

简述感光高分子光成像原理，可应用于哪些领域。

［实验四十三］　UV光油的配制及固化

光敏涂料是光聚合反应的具体应用之一，即在光（一般为紫外光）作用下引发聚合或交联反应，从而达到固化目的。与传统的自然干燥或热固化涂料相比，具有以下优点[17]：①固化速度快，可在数十秒时间内固化，适于要求立刻固化的场合；②不需加热，耗能少，这一特点尤其适于不宜高温加热的材料；③固化过程不像一般涂料那样伴随大量溶剂的挥发，因此降低了环境污染，减少了材料消耗，使用也更安全；④可自动化涂装，从而提高生产效率。光敏涂料不仅可以替代常规涂料用于木材和金属表面的保护和装饰，而且在光学器件、液晶显示器和电子器件的封装、光纤外涂层等应用领域得到日益广泛的应用。

紫外光固化涂料体系主要是由预聚物、光引发剂或光敏剂、活性稀释剂以及其他添加剂（如着色剂、流平剂及增塑剂等）构成。

预聚物是紫外光固化涂料中最重要的成分，涂层的最终性能如硬度、柔韧性、耐久性和黏性等，在很大程度上与预聚物有关。作为光敏涂料预聚物应该具有能进一步发生光聚合或光交联反应的能力，因此必须带有可聚合的基团。为了取得合适的黏度，预聚物通常为分子量较小（1000～5000）的低聚物。预聚物的主要品种有环氧丙烯酸树脂、不饱和聚酯、聚氨酯等。其中国内使用最多的是环氧丙烯酸树脂，它由环氧树脂与两分子的丙烯酸反应而得：

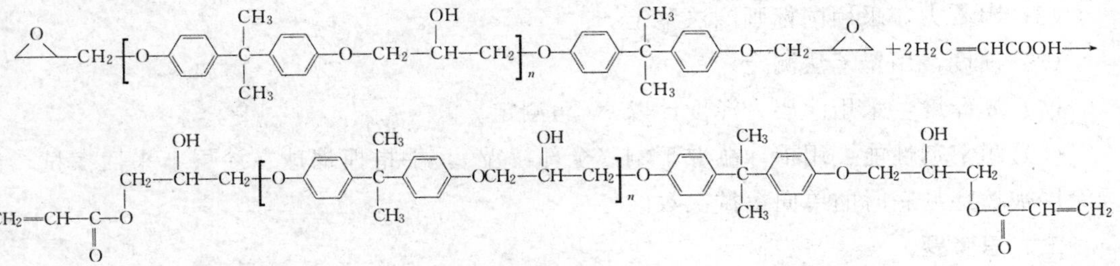

光引发剂或光敏剂都是在光聚合中起到促进引发聚合的化合物，但二者的作用机理不同。前者在光照下分解成自由基或阳离子，引发聚合反应；后者受光首先激发，进而再以适当的频率将吸收的能量传给单体，产生自由基引发聚合。

活性稀释剂实际上是可聚合的单体，使用最多的是单官能团或多官能团的（甲基）丙烯酸酯类单体。在光固化前起溶剂的作用，调节黏度便于施工（涂布），在聚合过程中起交联作用，固化后与预聚物一起成为漆膜的组成部分，对漆膜的硬度与柔顺性等也有很大影响。

光固化反应会受到空气中氧的抑制又称氧的阻聚，特别是表层中氧的浓度最高，氧的抑制作用常导致下层已固化，表层仍未固化而发黏。为克服氧的阻聚，方法之一是在体系中添加氧清除剂，有机胺便是其中的一种[18]。其作用机理是有机胺可提供活泼氢，终止氧自由基。

本实验配制的光敏涂料的组成：环氧丙烯酸树脂为预聚物，甲基丙烯酸 β-羟乙酯（HEMA）和三羟甲基丙烷三丙烯酸酯（TMPTA）为活性稀释剂，α-羟基异丙基苯基酮（Darocur 1173）为光引发剂，三乙醇胺为氧清除剂。由于配方没有颜料，固化后的漆膜是无色透明的，所得的光敏涂料又叫 UV（光固化）光油，可作罩光清漆使用。

一、主要药品和仪器

环氧丙烯酸树脂	10g
甲基丙烯酸 β-羟乙酯（HEMA）	2.8g
三羟甲基丙烷三丙烯酸酯（TMPTA）	6g
Darocur 1173	0.4g
三乙醇胺	0.8g
玻璃板（陶瓷、木器、马口铁等非柔性底材）	
1200 W 中压汞灯（即国产高压汞灯）	

二、实验步骤

1. 光油的配制与固化

在一 50mL 烧杯中加入 10g 环氧丙烯酸树脂、2.8g 甲基丙烯酸 β-羟乙酯、6g 三羟甲基丙烷三丙烯酸酯、0.4g Darocur 1173、0.8g 三乙醇胺，搅拌均匀。直接用玻璃棒刮涂于玻璃板底材上。在高压汞灯下辐照固化，辐照平台中心最大照度不小于 20mW/cm^2，辐照时间 7s。

2. 固化涂层检测

（1）表干检测：指压，看是否留有明显指纹印。如有，说明表面固化不彻底，可能受氧阻聚干扰，或查找其他原因。

（2）附着力：采用国标画圈法鉴定。

（3）硬度：用铅笔法测定。

（4）光泽度：采用涂层光泽度计以 60°角测定。

（5）耐溶剂性能：用棉球蘸取丁酮（全部浸湿），手指捏棉球在涂层上来回擦拭，记录涂层被擦穿见底时的单向擦拭次数。

三、思考题

光引发剂和光敏剂的作用机理是什么？

参考文献

[1] 梁晖，卢江. 高分子科学基础. 北京：化学工业出版社，2006.

[2] Braun D，Cherdron H，Rehahn M，Ritter H，Voit B. Polymer Synthesis：Theory and Practice (Fourth Edition)，Springer-Verlag Berlin Heidelberg，2005.

[3] 徐文烈，梁晖，卢江，王少如. 中国胶粘剂，2001，**10**（5）：25.

[4] 程学历. 化学与粘合，1998，（**2**）：119.

[5] 伍昆贤，甘为民，陈茂棠. 中国医药工业杂志，1993，**24**（4）：150.

[6] 魏中珊，田玉新. 江苏化工，1995，**23**（5）：10.

[7] 李卓美，张维邦，卢沛理. 油田化学，1988，（**5**）：42.

[8] 王孟钟等. 胶粘剂应用手册. 北京：化学工业出版社，1995.

[9] 魏兆钦. 粘合剂，1988，**1**：13.

[10] 瞿干炬. 粘接，1986，**7**（2）：8.

[11] Takaki M，Asami R，Kuwata Y. *Polym. J.*，（Tokyo）1979，**11**：425.

[12] (a) Gauthier M，Möller M. *Macromolecules*，1991，**24**：4548；(b) Kee R A，Gauthier M. *Macromolecules*，1999，**32**：647.

[13] Price C，Woods D. *Polymer*，1973，**14**：82.

[14] 马建标. 功能高分子材料. 北京：化学工业出版社，2000.

[15] 金光泰. 高分子化学的理论和应用进展. 北京：中国石化出版社，1995.

[16] 高俊刚，李源勋. 高分子材料. 北京：化学工业出版社，2000.

[17] 马建标. 功能高分子材料. 北京：化学工业出版社，2000.

[18] 王德海，江棂. 紫外光固化材料——理论与应用. 北京：科学出版社，2001.